技術者の視点

エンジニアが知っておくべき7つのテーマ

藤井 寛 編著

長尾 政志・山下 恭正・中野 真 著

日科技連

まえがき

本書『技術者の視点』は、技術者として実際に仕事をしている方はもちろんのこと、技術系のマネジメントに携わっている方、あるいは技術者の卵である学生の方に手に取っていただくことを目的として執筆した。

筆者は常々、「変えることのできないものを受け入れるだけの冷静さと、変えることのできるものを変えるだけの勇気、そして変えることのできないものと変えることのできるものとを識別する知恵」を持ちたいと願っている。これはアメリカの神学者であるラインホルド・ニーバー(Reinhold Niebuhr)による「ニーバーの祈り(Serenity Prayer)」として知られているもので、日本ではビジネスマンが座右の銘にしていたり、社長の年頭挨拶に使われたりしている。また、宇多田ヒカルさんが「Wait & See～リスク～」の歌詞に引用していると言われたりもする。

技術者は自ら考え行動する存在であり、今よりもっとよい方法を模索し続けるべきであると筆者は考えている。一方で、変えることのできないものと、変えることのできるものとを見分けるために、根幹をなすものを明らかにしておく必要があると考える。少しでもその一助になればということを目指して、本書を作成した。

金沢工業大学では、社会の中で活動する技術者の役割などを学ぶための教育を、授業科目「技術者入門Ⅰ・Ⅱ・Ⅲ」を皮切りに「技術者と社会」へと続けて実践して来た。現在は、技術者が置かれている状況やマネジメントの要素を整理して、「技術者と持続可能社会」を必修科目として全学部・全学科を対象に開講している。先輩諸氏が積み重ねて来られた知恵とご尽力に敬意を表するとともに、これまで引き継ぐことができたことにこの場を借りてお礼申し上げる。

本書では、地球や社会の中でおかれた環境を踏まえ、技術者が仕事をするうえで素養として修得しておくべき事項として、各章に次の７つのテーマを取り上げ、コンパクトにまとめている。

《7つのテーマ》

第1章　Market、Customer（市場、顧客）
第2章　Company、Engineer（会社、技術者）
第3章　Quality（品質）
第4章　Cost（原価）
第5章　Delivery（デリバリー）
第6章　Safety（安全）
第7章　Innovation（イノベーション）

7つのテーマについて、英語で提示していることを奇異に感じる方がいらっしゃるかも知れない。日本語訳が元来の意味を歪めたり、誤解に繋がることをいくらかでも減らすため、テーマごとに英語から日本語への置き換えのステップを敢えて踏ませていただいた。煩わしさを伴うかも知れないが、ご理解をいただき、ご容赦願いたい。

2025年1月

藤井　寛

技術者の視点
エンジニアが知っておくべき7つのテーマ

目　次

装丁・本文デザイン=さおとめの事務所

序章

オリエンテーション

0.1　全体のフレームと構成

冒頭に当たり、本書『技術者の視点』について、全体のフレームと構成を最初に述べる。

歴史の中で人間はさまざまな社会を築いてきており、社会の変遷についていろいろな分類が示されている。本書で扱う内容は、工業社会、情報社会、その後に続く社会を含めて産業社会を広義に捉え、ここに焦点を当てた内容としている。最近では、IoT（Internet of Things：モノのインターネット）やAI（Artificial Intelligence：人工知能）といった新たな技術の発展が見られる。日本においてはSociety5.0が提唱されているが、このような状況も踏まえたものである。

社会の行く末を予測することは困難であるが、自然との調和を図って人間社会が進歩していくことにより、Sustainable Society（持続可能な社会）を実現することが必要との認識を本書では前提においている。その実現に向け重要な役割を果たすのがEngineer（技術者）であるとの考えのもと、Engineerの果たすべき役割や責任について各章で説明していくこととする。

以下に掲げる７つのテーマを取り上げて、第１章から第７章の各章において１つずつ記載している。

＜７つのテーマ＞

第１章　Market、Customer（市場、顧客）

第２章　Company、Engineer（会社、技術者）

第３章　Quality（品質）

第４章　Cost（原価）

第５章　Delivery（デリバリー）

第６章　Safety（安全）

第７章　Innovation（イノベーション）

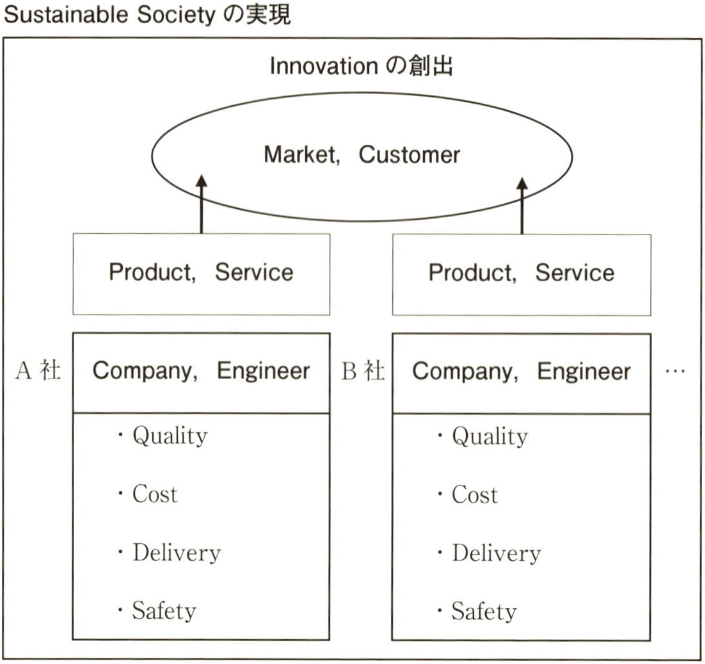

Sustainable Society の実現

Innovation の創出

Market, Customer

	Product, Service		Product, Service	
A 社	Company, Engineer	B 社	Company, Engineer	…
	・Quality ・Cost ・Delivery ・Safety		・Quality ・Cost ・Delivery ・Safety	

図 0.1　Sustainable Society と各テーマとの関係性

7つのテーマについての構成を「図 0.1　Sustainable Society と各テーマとの関係性」に示す。

Quality、Cost、Delivery、Safety は、頭文字を取って QCDS と称されている。QCDS は、製造現場で扱われるものと思われることがあるが、むしろ設計の技術者はこれを念頭に日々の業務を行っている。また、情報システム部門や IT（Information Technology）業界においても、QCDS はマネジメントの軸に位置づけられるものである。

0.2　地球の持続可能性

これからの世界を考える際に前提となる、地球の持続可能性を脅かす問題について述べる。地球の持続可能性を脅かす問題として、①人口問題、②食料問題、③水問題、④エネルギー問題、⑤地球温暖化問題、⑥廃プラスチック問題の6つを取り上げる。これらは、地球が今の状態を持続していくうえで鍵となるものである。世界人口の増加とともに発展途上国の生活レベル向上を踏まえた、食糧・水・エネルギーの不足、地球温暖化、廃プラスチックの増加は予測できることであり、今すぐに対策を考えて着実に取り組むべき問題である。

0.2.1　人口問題

世界の人口は、図 0.2 に示すように 2010 年に 70 億人となり、2022 年に 80 億人を超え、2040 年までに 90 億人まで増加し、2050 年には 97 億人に達することが予測されている。このうち、中国やインドなどで莫大な人口を抱えるアジア地域に半数以上が集中すると見込まれている。その一方で、日本の人口は 2011 年に減少に転じている。

世界の人口増加と経済発展は、すでに顕在化しつつある食糧問題、水問題、エネルギー問題、地球温暖化問題、廃プラスチック問題を一層深刻化させていくことになる。その状況は、特に資源に乏しい日本へ大きな影響を及ぼすことになる。

0.2.2　食料問題

人口が 1 億人を超える海外諸国は食料をほぼ自給自足できている一方、新興国や低所得国では飢餓が原因で 1 日 4〜5 万人が亡くなっており、そのうち約 7 割が子供である。食糧問題については、世界の栄養不足人口は減少すると予

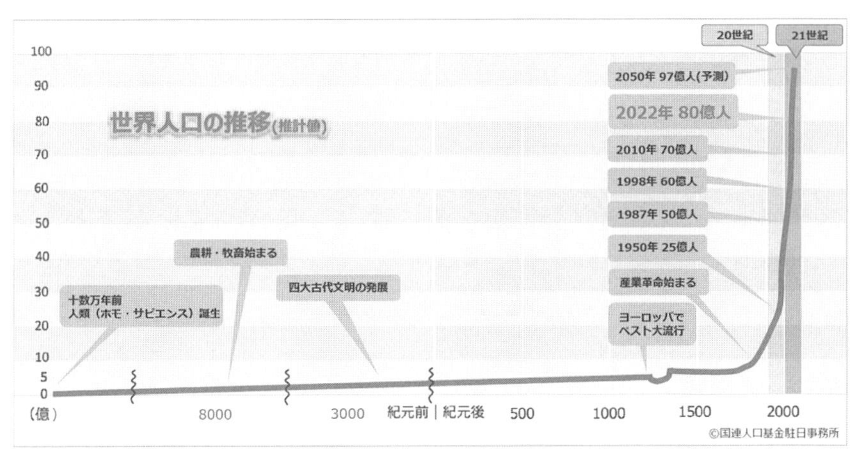

（出典）　国連人口基金駐日事務所ホームページ、2024 年 7 月 11 日

図 0.2　人類誕生から 2050 年までの世界人口の推移

測されているが、アフリカなどの最貧国では、依然厳しい状況が予想される。

世界の人口2割足らずの先進国に住む人々が、世界の半分以上の穀物を消費しているといわれている。また、飢餓は食料の総量不足によるものではなく、多くの穀物が家畜のえさになっていることにも起因している。畜産物1kgあたり必要な穀物量は、①鶏卵で3kg、②鶏肉で4kg、③豚肉で7kg、④牛肉で10kgとされる。

日本の総合食料自給率は、2023年度においてカロリーベースで38%、生産額ベースで61%と年々減少の傾向にある。日本にとって食料不足への備えをどのようにしていくかは、安全保障上の重大な問題でもある。

日本は食料の約6割を輸入する一方、農林水産省の調査によると2022年度の年間食品ロス量は472万トンである。事業系食品ロスでは規格外品、返品、売れ残りなど、家庭系食品ロスでは食べ残し、手つかずの食品、皮の剥きすぎなどが発生要因となっている。

《食料自給率とは》

総合食料自給率：食料全体について単位を揃えて計算した自給率として、カロリーベース、生産額ベースの2通りの総合食料自給率を算出している。畜産物については、輸入した飼料を使って国内で生産した分は、総合食料自給率における国産には算入していない。

① **カロリーベース総合食料自給率**：

カロリーベース総合食料自給率は、基礎的な栄養価であるエネルギーに着目して、国民に供給される熱量（総供給熱量）に対する国内生産の割合を示す指標である。

② **生産額ベース総合食料自給率**：

生産額ベース総合食料自給率は、経済的価値に着目して、国民に供給される食料の生産額（食料の国内消費仕向額）に対する国内生産の割合を示す指標である。

0.2.3　水問題

水問題には、人口増加のほか、気候変動や生活スタイルの変化などさまざまな原因によるものがある。

人口増加によって、生活用水に加えて、農業用水や家畜用にも大量の水が必要となる。農作物には、穀物1t当たり約2,000～3,000tの水を使用する。また、家畜は穀物を食べて成長するので、豚肉や牛肉を1kg生産するために必要な水の量を計算してみると、想像以上の水が必要であることがわかる。食料の輸入国である日本は、間接的に大量の水を輸入していることになる。

気候変動による自然災害の発生が増えており、雨が少なければ干ばつとなって資源である水は減り、多ければ洪水や土砂崩れなどが発生し、人々の生活にさまざまな危険をもたらす。

生活スタイルの変化に伴う人の集中と社会の発展によって、生活用水などの増加以外にも、発電や工業用水の需要が拡大することで、この先の50年で水の需要が全体で約55%増加するといわれている。

0.2.4　エネルギー問題

世界人口の増加に伴い、エネルギーの需要が急激に増加することが予想される。高い経済成長が見込まれるアジア地域においては、より顕著となる。2100年には、エネルギー需要が低所得国で今の6倍程度まで急激に伸びるとされている。

主な化石燃料の可採年数は2020年現在、次のように予測されている。

石油：53.5年、天然ガス：48.8年、石炭：139年

新興国や低所得国の人口増加と経済発展の影響で、枯渇がより早まる可能性がある。さらに、エネルギー消費の多くが化石燃料で賄われると、地球温暖化ガスの放出量増加に直結することとなる。地球温暖化が進めば、異常気象、海面上昇、洪水、食料不足など深刻な問題の発生につながっていく。

図0.3に示すように、2022年度の日本のエネルギーに占める化石燃料の割合は83.3%と高い水準にある（石油36.1%、石炭25.7%、天然ガス21.5%）。日本のエネルギー自給率は10%台にとどまり、化石燃料のほとんどを輸入に頼っているため、安定的なエネルギーの供給が大きな課題である。再生可能エネルギーの開発を含めた長期的なエネルギー戦略が必要とされる。

また、日本では現在、発電の約7～8割を化石燃料に頼っているため、現状においては電気を使用することは温室効果ガスのCO_2排出につながっているともいえる。情報化社会の進展に伴うIT機器・システムの消費電力量の急増は、世界全体の課題である。インターネットの利用率増加、クラウドサービスの増加、社会全体でデジタル化の普及などにより、データセンターの消費電力量は

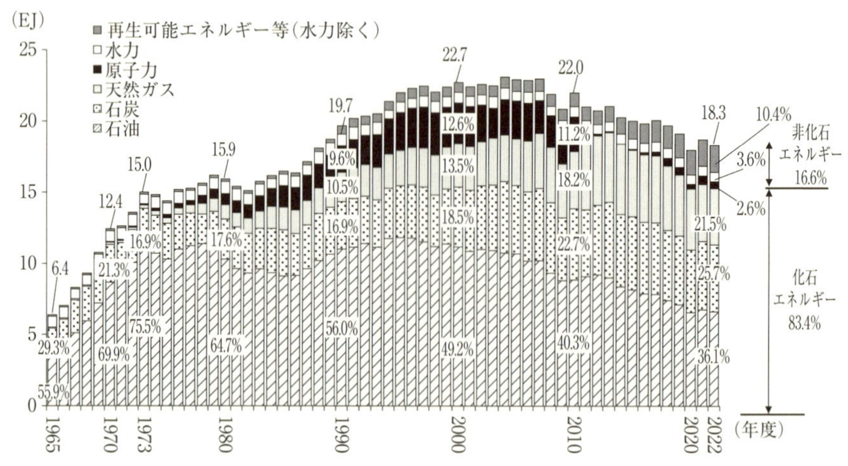

(出典)　経済産業省資源エネルギー庁：「令和5年度エネルギーに関する年次報告(エネルギー白書2024)」、第1節　エネルギー需給の概要3. エネルギー供給の動向、【第211-3-1】一次エネルギー国内供給の推移

図 0.3　一次エネルギー国内供給の推移

年々増加している(科学技術振興機構によると、データセンターの消費電力量は世界で2018年190 TWh(テラ・ワット・アワー)が2030年3,000 TWhとなる予測であり、約15倍に増加)。

0.2.5　地球温暖化問題

人口増加と経済発展が見込まれる中、現在のようにエネルギー消費の多くが化石燃料で賄われるとすると、その増加は二酸化炭素(CO_2)などの地球温暖化ガスの放出量増加に直結する。

世界中で地球温暖化の影響と思われる異常気象が多発しており、南極や北極では気温の上昇による氷の融解があり急激な氷河の減少がみられるなど、人類の将来にかかわる地球規模での大きな課題である。

2015年にフランスのパリで開かれた国連気候変動枠組条約第21回締約国会議(COP21)で「パリ協定」が採択され、2020年以降の温暖化対策に向けた合意にこぎつけることができた。また、2023年にドバイで開催された国連気候変動枠組条約第28回締約国会議(COP28)では、COPとしては初めて「化石燃料からの脱却」に向けたロードマップを承認した。

0.2.6　廃プラスチック問題

廃プラスチックとは、製造過程で出たプラスチックのかすや使用後廃棄されたプラスチック製品など、プラスチックを主成分とする廃棄物のことであり、一般系廃プラスチックと産業系廃プラスチックに分けられる。一般系廃プラスチックは、使用後のペットボトル、食品トレー、ビニール袋、調味料ボトルなど、主に家庭から出されるプラスチックごみのことである。産業系廃プラスチックは、製造過程で出るプラスチックの破片・梱包材などと使用後に廃棄されたプラスチック製品で事業活動に伴って生じたプラスチックごみである。

世界で1年間に生産されるプラスチックの量は約4億トンであるが、世界の海の中にあるプラスチックごみは約1億5千万トンで、さらに年間約8百万トンが新たに流入していると推定されている。直径5ミリ以下の微小なプラスチック粒子は「マイクロプラスチック」と呼ばれ、これを海洋生物が体内に取り込んでおり、死に追いやっているとの報告がある。プラスチックは我々の生活に大いに役立っているが、最近では環境への悪影響が大きくなっている。プラスチックの使用量を減らすため、ワンウェイのカトラリー類やアメニティ類などにプラスチック以外の材料を使う例が増えてきており、世界的にプラスチックの使用を抑えようという動きが活発である。

2017年に、中国がそれまでプラスチックごみを世界中から輸入し買い取っていたのを、環境問題を理由に全面禁止した。そのため、プラスチックごみが世界中で行き場をなくしているが、このような動きは他の発展途上国でも続くと見られる。

また、マイクロプラスチックよりさらに小さい「ナノプラスチック(1ナノメートルは1mmの1,000,000分の1)」は生物の体内に取り込まれやすいため、マイクロプラスチックよりも毒性が強いと考えられている。今後、ナノプラスチックの環境中での存在の正確な評価、それにもとづいた毒性リスクの評価が必要となってくる。

0.2.7　SDGs

SDGs(Sustainable Development Goals：持続可能な開発目標)とは、2015年9月の国連サミットで採択された「持続可能な開発のための2030アジェンダ」に記載された、2030年までに持続可能でよりよい世界を目指す国際目標である。図0.4に示すように17のゴール(Goals：大きな目標)と169のターゲット

（出典）　国連広報センターホームページ：「SDGs（エス・ディー・ジーズ）とは？　17の目標ごとの説明、事実と数字」、2019年1月21日

図0.4　SDGs 17のゴール

（Targets：具体的な目標）から構成され、「誰一人取り残さない（leave no one behind）」ことを誓っている。SDGsの前文には、持続可能な開発の3つの側面として、「経済」と「社会」と「環境」のバランスを保つものと書かれている。17のゴールには、飢餓、エネルギー、イノベーション、気候変動など、2030年までの達成に向けて世界が一致して取り組むべきビジョンが示されている。

0.3　共生、共存と共創

序章の終わりに、人と人、人と生物、人と地球との間に見られる関係を整理し、そのうえで技術者としてCustomer（顧客）とどういう関係性を築いて新しい価値を生み出すかべきかということを見ておきたい。

「共生（Symbiosis）」とは、異なる複数種の生物が緊密な相互関係を持ちながら一緒に生活していることであり、共生関係にある生物はさまざまな種に影響を受けて共進化していくといわれる。双方が互いに利益を受けつつ支えながら生活し、どちらか一方が死滅した場合は他方も生き続けることはできない現象を意味する。人類が地球に影響を及ぼしている状況を鑑みたとき、人間が地球に共生させてもらっているという意識を持つべきだと筆者は考える。

「共存(Coexistence)」とは、2つ以上のものが互いに損なうことなく上手く折り合いをつけて同時に存在することであり、異なるもの同士が一緒にいることを指している。特にお互いの関係が強いとは限らない点に特徴があり、共存は共生と異なりいずれかが欠けても存続できる。共存は、異なる文化や宗教、価値観などが存在する状況を表しており、異なる民族が同じ地域で平和に暮らしている場合などに使われる。異なるもの同士が互いを尊重し共存することは、多様性を認めて平和な社会を築くうえで重要な要素となる。

「共創(Co-Creation)」という言葉は、2004年にアメリカにあるミシガン大学教授のC・K・プラハラードとベンカト・ラマスワミが『価値共創の未来へ－顧客と企業のCo-Creation』の中で述べた概念が始まりといわれている。「ユーザー参画を通じた新たな価値の創造による他社との差別化」を提唱しており、広義の意味での共創は社会に「新しい価値」を提供することを指す。ユーザーを消費者ではなく新しい商品・サービスを生み出す「パートナー」として見ており、多様な立場の人がステークホルダーと対話をしながら新しい価値を「共に」「創る」ことを意味している。

従来、会社は新商品の開発といった「モノ」を提供することで市場でのシェアを獲得してきたが、多様化する市場・顧客のニーズに応え、次々に商品を開発していくことは簡単ではない。1つの産業に多数の企業がひしめいており、その中から顧客に選ばれるのは大変難しく、商品・サービスにプラスアルファの付加価値を提供していかなければ他社との差別化を図ることはできない。そのような中で、顧客の価値体験を創出する取組みとして「共創」が注目されるようになった。会社が顧客にモノを提供するだけではなく、使用する際の「経験」を含めたサービスまで提供することで、顧客に更なる付加価値を与える。この取組みは、あらゆるカテゴリーにおいて会社に大きな変化をもたらす戦略になり得る。

序章の参考文献

[1] 飯野弘之：『新・技術者になるということ　―これからの社会と技術者』、丸善雄松堂、2015年

[2] C・K・プラハラード、ベンカト・ラマスワミ：『価値共創の未来へ　―顧客と企業のCo-Creation』、ランダムハウス講談社、2004年

[3]　クレイトン・クリステンセン：『イノベーションのジレンマ　増補改訂版』、翔泳社、2001 年

[4]　国連人口基金駐日事務所ホームページ：2024 年 7 月 11 日
https://tokyo.unfpa.org/ja/publications/%E4%B8%96%E7%95%8C%E4%BA%BA%E5%8F%A3%E3%81%AE%E6%8E%A8%E7%A7%BB%E3%82%B0%E3%83%A9%E3%83%95%EF%BC%88%E6%97%A5%E6%9C%AC%E8%AA%9E%EF%BC%89

[5]　経済産業省資源エネルギー庁：「令和 5 年度エネルギーに関する年次報告（エネルギー白書 2024）」、第 1 節　エネルギー需給の概要 3. エネルギー供給の動向、【第 211-3-1】一次エネルギー国内供給の推移、
https://www.enecho.meti.go.jp/about/whitepaper/2024/html/2-1-1.html

[6]　国連広報センターホームページ：「SDGs（エス・ディー・ジーズ）とは？　17 の目標ごとの説明、事実と数字」、2019 年 1 月 21 日
https://www.unic.or.jp/news_press/features_backgrounders/31737/

第1章

Market、Customer（市場、顧客）

1.1　Market、Customer（市場、顧客）とは

Marketは、『オックスフォード現代英英辞典　第10版』（オックスフォード大学出版局、2020年）で“an occasion when people buy and sell goods”とされており、「人々が商品を売買する機会」との意味になる。

Marketは、Dictionary by Merriam-Websterでは“a meeting together of people for the purpose of trade by private purchase and sale and usually not by auction”とされ、「通常は競売ではなく、私的な売買による取引を目的にする人々の集まり」を意味している[1)]。

本書では、英語の「Market」と日本語の「市場」を同義語とみなし、次のように定義して取り扱う。

> **《Market（市場）とは》**
>
> Market（市場）は、基本として買い手（Buyer）と売り手（Seller）とが存在する場とし、物理的・時間的制約や取引成立の有無を前提とはしない。
>
> Market（市場）は、実際に商品やサービスを売っている場所に限定するものではない。

Customerは、『オックスフォード現代英英辞典　第10版』（オックスフォード大学出版局、2020年）で“a person or an organization that buys goods or services from a shop or business”とされており、「店や企業から商品やサービスを購入する個人や組織」との意味になる。

Customerは、Dictionary by Merriam-Websterでは“one that purchases

1）　Dictionary by Merriam-Webster, “market”
（https://www.merriam-webster.com/dictionary/market）

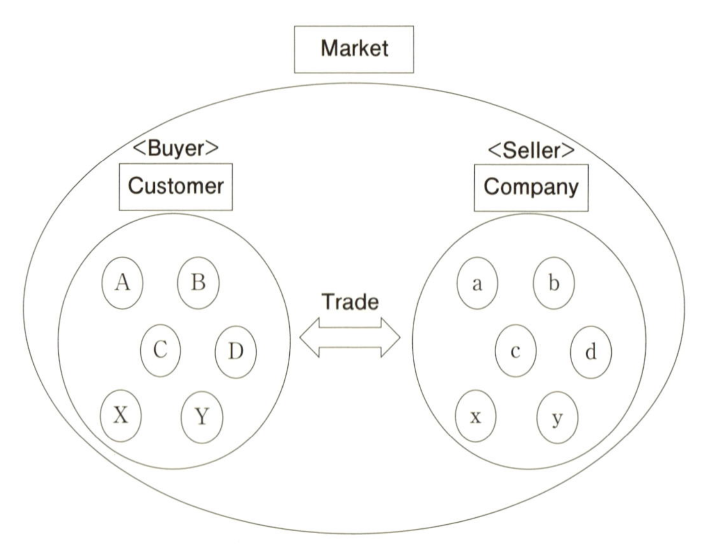

図 1.1　Market、Customer（市場、顧客）と Company（会社）の関係

a commodity or service" とされ、「商品やサービスを購入する対象」を意味している[2)]。

本書では、英語の「Customer」と日本語の「顧客」を同義語とみなし、次のように定義して取り扱う。

《Customer（顧客）とは》

Customer（顧客）は、商品・サービスの提供を受ける対象であり、提供の前後を問わない。

Customer（顧客）は、お客様、消費者、購入者、使用者のほか、見込み客を含める。

Customer（顧客）は、個人に限るのではなく、経済活動において取引先となる会社を示すことも多い。

Market（市場）と Customer（顧客）の関係については、Market（市場）を構成

2）Dictionary by Merriam-Webster, "customer"
（https://www.merriam-webster.com/dictionary/customer）

する買い手(Buyer)の要素としてCustomer(顧客)を位置づける。その関係性を「図1.1　Market、Customer(市場、顧客)とCompany(会社)の関係」に示す。

1.2　マーケティング

1.2.1　マーケティングの概念

日本マーケティング協会は、「マーケティングとは、企業および他の組織がグローバルな視野に立ち、顧客との相互理解を得ながら、公正な競争を通じて行う市場創造のための総合的活動である。」と1990年に定義している[3]。

この定義を読み解くと、マーケティングの1つ目のポイントは、国内外の社会、文化、自然環境などを重視している点である。2つ目のポイントは、商品・サービスの提供において、公正な競争によるWin-Winの関係を築くという点である。3つ目のポイントは、イノベーションなどにより市場創造に結び付けていく活動という点である。

マーケティングを一言で表すと、“生産と消費を結び付ける活動”であるといえる。会社においては、販売や営業といった組織が主にその活動を担うことになる。

1.2.2　マーケティング1.0からマーケティング4.0へ

初期のマーケティングは「マス・マーケティング」であり、商品を大量に生産し、いかに多くの消費者に販売するかが重視された。マーケティングの変遷について、フィリップ・コトラーによる理論をもとにしながら考えてみることにする。

マーケティング1.0は、売り手側に軸足を置いた「製品中心のマーケティング」である。課題とするのはいかに上手く販促して、「製品を販売すること」である。マーケティング1.0では、製品(Product)を、どこ(Place)で、いくら(Price)で、どういう宣伝(Promotion)をして売るかを考えることとなった。

その後、消費者志向の高まりで、必要とされるものをどうやって作るかが重視されるようになった。マーケティング2.0は、買い手側に軸足を置いた「消

3)　日本マーケティング協会、「マーケティングの定義」
(https://www.jma2-jp.org/jma/aboutjma/jmaorganization)

費者志向のマーケティング」への変化である。マーケティング2.0では、「消費者を満足させ、つなぎとめること」が目的であり、顧客にほしがられるものを作るという「差別化」が戦略となった。買い手にとって何が必要であるかという、「ニーズ」を知ることが重要になった。買い手を特性ごとにまとめてセグメンテーション（Segmentation）し、攻略すべき市場を特定（Targeting）して、自社に見合った製品を提供（Positioning）することが必要とされた。

環境問題や社会問題が世間に認知されるようになったことで、会社はよりよい環境や社会づくりに力を入れることがブランド力の１つとなってきた。マーケティング3.0は、「価値主導のマーケティング」であり、「世界をよりよい場所にすること」が目的とされる。マーケティング3.0では「ポジショニング」「ブランド」「差別化」という３つの側面から見て企業を評価するようになった。

最近では、ソーシャル・メディアの普及により、買い手自らが情報発信できる環境が整ってきた。マーケティング4.0は、「自己実現のマーケティング」である。そのため、マーケティングは商品購入までのプロセスだけでなく、商品購入後のプロセスまで考える必要が出てきた。マーケティング4.0においては、認知（Aware）、訴求（Appeal）、調査（Ask）、行動（Act）、奨励（Advocate）という５つの段階が顧客の購買プロセスに存在するとしている。

1.3　マーケットインとプロダクトアウト

1.3.1　ニーズとシーズ

マーケティングのベースとなるものに、ニーズ（Needs）とシーズ（Seeds）の2つがある。

ニーズとは顧客の必要としていることであり、その裏返しは顧客の不足・不便などの「不」である。ニーズには、顧客の要求が明らかになっている顕在化されたニーズと、顧客自身が認識していない潜在的なニーズがある。

シーズとは商品のもとになる「タネ」であり、独自の技術など自社の強みとして市場で優位となる可能性のあるものである。

1.3.2　マーケットインとプロダクトアウト

「マーケットイン」とは、市場や顧客の立場に立って、買い手が必要とするものを提供していくことである。「プロダクトアウト」とは、提供側からの発

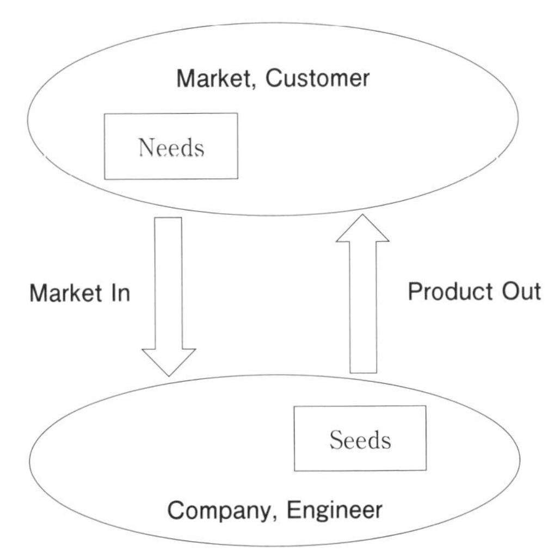

図 1.2　マーケットインとプロダクトアウトの関係

想により商品開発・生産・販売といった活動を行うことである。その関係性を「図 1.2　マーケットインとプロダクトアウトの関係」に示す。

「プロダクトアウトからマーケットインへ発想を転換」といわれることがある一方、「プロダクトアウトで提供側からどんどん提案するべき」といわれることもある。顧客は自分がほしいものを必ずしも明確にしているわけではなく、商品として示されてからほしいか否かの判断をすることになるためである。

潜在的ニーズを掘り起こし、シーズを活かして商品開発へ結び付けることが重要となる。

1.3.3 「商品・サービスが選ばれる」ということ

大事なことは、「他社ではなく、自社の商品・サービスが選ばれる」ということである。それが実現されるのであれば、発想の起点が市場のニーズにあろうと自社のシーズにあろうと問題ではないということになる。しかしながら、選択肢の多い中から自社を選んでもらうためには、顧客の視点を欠いていては目立った成果を上げることは難しい。

そのため、最終的にはマーケットインを意識せずして、商品・サービスが顧客に受け入れられることにはなり得ない。

1.4　カスタマーファースト

カスタマーファーストとは、「顧客第一」の意味で、顧客のことを考えて行動するための基本方針として使われることが多い。多種多様な商品やサービスが生まれる中、本当に必要な商品・サービスを提供し、顧客に選ばれ続け、会社が生き残るためにカスタマーファーストの考え方は重要である。

カスタマーファーストというと、「お客様は神様」という言葉を連想するかも知れないが、カスタマーファーストは「自社や社員を犠牲にして、顧客を優先させる」ということではない。本当の意味で顧客のことを考え、よい商品・サービスを継続的に提供し続けることが必要である。顧客のことを考えるために、社員の働きやすい環境を作ることもカスタマーファーストにとって大事なことである。そのため、「ES（Employee Satisfaction：従業員満足度）なくしてCS（Customer satisfaction：顧客満足）なし」といわれる。

部署や人によって、カスタマーファーストの捉え方や理解が違うことになりがちである。どういうレベルでお客様の期待に応えるかを明確にし、アクションが取られていくような仕組みを作っていかなければならない。

カスタマーファーストを実現する1つ目のポイントは、「全社員にカスタマーファーストの理念を共有する」ことである。顧客に接する部署だけでなく、全社員に「自分たちは顧客の幸せのために商品・サービスを提供している」という理念を浸透することで、全社をあげて顧客のことを考えた商品やサービスを作ることができる。

カスタマーファーストを実現する2つ目のポイントは、「KPI（Key Performance Indicator：重要業績評価指標）を立てる」ことである。指標を作り数字で表すことで、より具体的にカスタマーファーストのための施策を進められるようになる。カスタマーファーストを考えるときによく使われる考え方は、カスタマー・サティスファクション（顧客満足）やカスタマー・ディライト（顧客感動）などであり、これらを指標化して評価することが多い。

IT化が進み、顧客にとってほしい物を早く安く提供することで、お客様の期待に応えているという会社もある。一方で、お客様と直接会う機会が薄れ、生の声が聞こえなくなったり、マニュアルどおりの杓子定規な対応になり、お客様を感動させることが少なくなるということもある。本当のカスタマーファーストは、お客様が心の底から感動してくれる状況を作り出すことである。

1.5　顧客の役割変化

情報社会、その後に続く社会において、顧客の役割が大きく変化している。インターネットやSNSが日常において使われることにより、顧客は圧倒的に豊富な情報を持ち、これをもとにして判断を下すようになっている。それに伴い、顧客は単に受け身の立場からその場に参画する一員へ、さらには発信者の側となるまでに至っている。

また、顧客が接している空間は居住している場から地域・国を超えた広がりを持ち、仮想空間まで含めており、グローバリゼーションを意識せずとも身近なものとして、多様なネットワークを構成している。その結果、顧客が重視する価値は、「モノ」より「コト」あるいは「所有」より「使用」へ移り変わってきている。

そのため、序章で述べたように、会社は「共創」を起点として価値を創り出す取組みがきわめて重要となってくる。

1.6　価値創造

1.6.1　商品開発

会社が商品開発する際、新商品の形態はおよそ5種類に分類することができる。

① 市場にこれまでない、まったく新たな商品
② 市場にはすでにあるが、自社として新規参入する商品
③ 現行商品の次世代型商品(自動車の例：モデルチェンジ)
④ 現行商品の改良(自動車の例：フェイスリフト(外観など見栄えの向上))
⑤ 現行商品のバリエーション追加

《販売戦略による市場開発とは》

商品開発を行わずとも、販売上の戦略により新市場を開拓することで、経営的に新商品の発売と近いような効果を生むことも可能である。

① 現行商品の別市場への投入(海外での販売など)
② 現行商品の価格の変更(値下げによる購買層の拡大など)

1.6.2　商品企画

どのような「顧客」を対象に、どのような「価値」を織り込み、どのような「特徴」を持った商品・サービスを提供するかという商品開発の方向性を、商品企画として最初に定めておくことが重要である。この 3 つをセットにして定めることがポイントであり、マーケットインかプロダクトアウトかに終始せず、アプローチすべき市場・顧客と自社が持っている強みの両者を同時に考えなければならない。

商品企画について、関係者間のコンセンサスが得られていることが肝心である。これが曖昧であると、営業部門は市場のメイン・ターゲットを見極めずに、たまたま出会った顧客の意向や関係会社の強い意見に振り回されたりする。また、開発・設計部門は、どのようなお客様かをはっきりしないままに、惰性で続けているようなテーマに没頭したりすることになる。

どのような「顧客」を対象に、どのような「価値」を織り込み、どのような「特徴」を持った商品・サービスを提供するかを最初に提案するのはマーケット部門や開発企画部門となるが、開発を進める是非の判断を下すのは経営者の役割である。

第 1 章の参考文献

[1]　フィリップ・コトラー 他：『コトラーのマーケティング 3.0 ソーシャル・メディア時代の新法則』、朝日新聞出版、2010 年

[2]　フィリップ・コトラー 他：『コトラー& ケラーのマーケティング・マネジメント　基本編　第 3 版』、丸善出版、2014 年

[3]　P.F. ドラッカー：『イノベーションと企業家精神【エッセンシャル版】』、ダイヤモンド社、2015 年

[4]　今村龍之介：『ドラッカーとトヨタ式経営—成功する企業には変わらぬ基本原則がある』、ダイヤモンド社、2008 年

第２章

Company、Engineer（会社、技術者）

2.1　Company（会社）とは

Company は、『オックスフォード現代英英辞典　第 10 版』（オックスフォード大学出版局、2020 年）で“a business organization that makes money by producing or selling goods or services”と記載されており、「商品やサービスを生産または販売することでお金を稼ぐ事業組織」との意味になる。

本書では、英語の「Company」と日本語の「会社」を同義語とみなし、次のように定義して取り扱う。

> 《Company（会社）とは》
>
> 経営資源を活用し、事業活動を通じて社会が必要とする価値(製品・サービス)を提供し、適切な利益を得る組織。

2.2　Engineer（技術者）とは

Engineer は、『オックスフォード現代英英辞典　第 10 版』（オックスフォード大学出版局、2020 年）で“a person whose job involves designing and building engines, machines, road, bridges, etc.”と記載されており、「エンジン、機械、道路、橋などの設計や構築を仕事とする人」との意味になる。

本書では、英語の「Engineer」と日本語の「技術者」を同義語とみなし、次のように定義して取り扱う。

> 《Engineer（技術者）とは》
>
> 科学的・専門的知識を応用して、技術的な仕事に従事する人。

技術的な仕事には、業界や分野により多くの種類がある。海外では役割に応じて技術者と研究者に分類されることがあるが、本書では細かく分類せずに研究者も含めて広く技術者として捉える。

2.3　会社の役割と仕組み

2.3.1　会社の役割

会社は人、モノ、金、情報などの経営資源を活用し、社会で必要とする製品やサービスを提供する。その活動が適切であれば、結果として利益を得る。図2.1に会社の機能を示す。

日本における会社は、「会社法」にもとづいて設立される。会社には、出資者の責任範囲などにより株式会社、合名会社、合資会社、合同会社の4つの形態がある。この中で多数を占めるのが「株式会社」である。「会社標本調査」（国税庁）によると令和4年時点で日本国内の株式会社の数は約269万社で、会社全体の92.4％を占める。

会社は、社会に対して以下の貢献を行っている。

・社会で必要とする製品やサービスを提供
・人々に仕事を提供
・企業活動に必要な適切な利潤を得て納税
・利潤の一部を社会に提供して、よりよい社会を作るのに貢献

2.3.2　社会的存在としての企業

(1)　企業の社会的責任とステークホルダー

会社が社会全体に対して責任を持つ行動を取るべきという考え方は、「企業

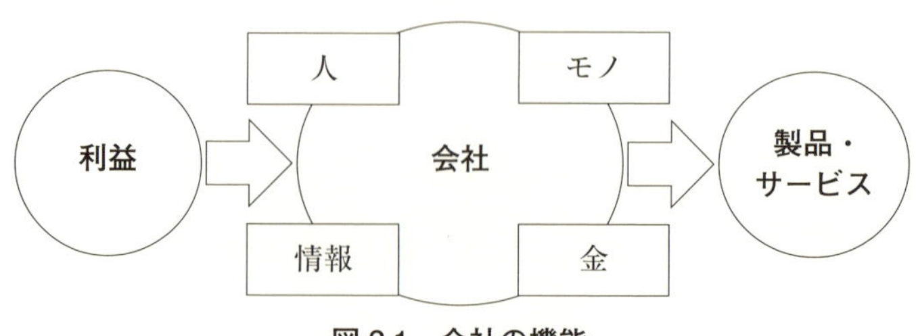

図2.1　会社の機能

の社会的責任（CSR：Corporate Social Responsibility）」と呼ばれ、会社活動の基本になっている。具体的には、環境保護、労働者の権利の尊重、倫理的なビジネス慣行、地域社会への貢献にも配慮した経営を行うことなどが求められる。

会社は、顧客に製品やサービスを提供する活動の中で多くの関係者とかかわる。会社から何らかの影響を受ける人や組織を、ステークホルダー（利害関係者）という。

図2.2に、会社と代表的なステークホルダーを示す。会社は、多くのステークホルダーと相互に影響を与えあう存在である。会社はステークホルダーに配慮するべきであるという考え方は、企業の社会的責任の重要な要素である。

(2)　共通価値の創造（CSV）

積極的に企業活動の本業で社会のニーズや問題解決に取り組むように経営する考え方が、ポーターらによって提案されている[4]。この経営姿勢は共通価値の創造（CSV：Creating Shared Value）と呼ばれる。ポーターはこの活動を以下のように定義している。

「企業が事業を営む地域社会の経済条件や社会状況を改善しながら、自らの競争力を高める方針とその実行」

序章には人類が解決すべき課題があげられているが、このような社会的な課題の解決を経営に取り入れる企業が増加している。会社が社会的価値を創造することが、結果として経済的価値を創造することにつながる。

CSVを実現する方法としてポーターは以下の3つの方法をあげている。

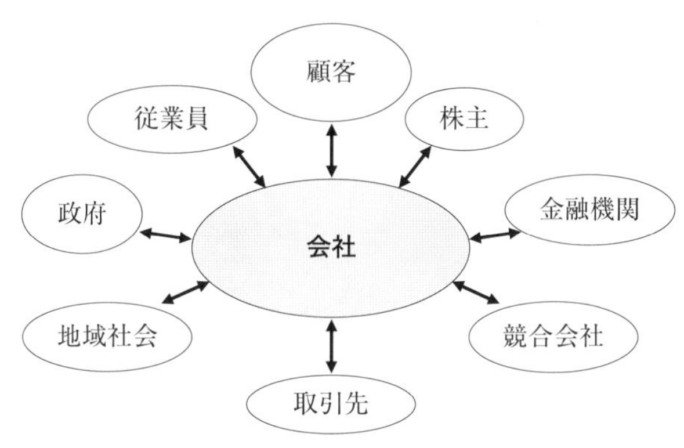

図2.2　会社とステークホルダー

《CSVを実現する３つの方法》

① 製品と市場を見直す。
(Reconceiving products and markets)

② バリューチェーンの生産性を再定義する。
(Redefining productivity in the value chain)

③ 地域社会にクラスターを形成する。
(Enabling local cluster development)

2.3.3　株式会社の仕組み

株式会社は株を発行し、資金の出資者である株主から資金を得る仕組みになっている。会社が倒産しても、株主は株が無価値になるだけでそれ以上の責任は問われない有限責任となっている。株式会社が多い理由の１つは、有限責任のため資金を集めるのに有利なためである。

図2.3に株式会社の仕組みを示す。

(1)　所有と経営の分離

株式会社を所有するのは、株主である。株式会社の経営は、株主総会で選任された取締役が実施する。これを所有と経営の分離といい、株式会社の大きな特徴である。日本ではこれまで技術者や営業マンが昇進し経営を担う場合が多かったが、グローバル化に伴いプロの経営者が担う事例も増えている。欧米では専門的な知識や能力･経験を持ったプロの経営者に経営を任せることが多い。ただ、経営に関する知識レベルが高いだけではよい経営は難しく、アメリカの研究では社外から経営学修士（MBA）を持った人材を経営者に迎えた会社は、短期的に業績を改善しても長期的には経営状況が悪化する事例の報告がある[5]。

(2)　株主

株主は株式会社の所有者である。主な権利を以下に示す。

・株主総会における議決権
・剰余金の配当を受ける権利
・会社の解散などの場合、残余財産の分配を受ける権利

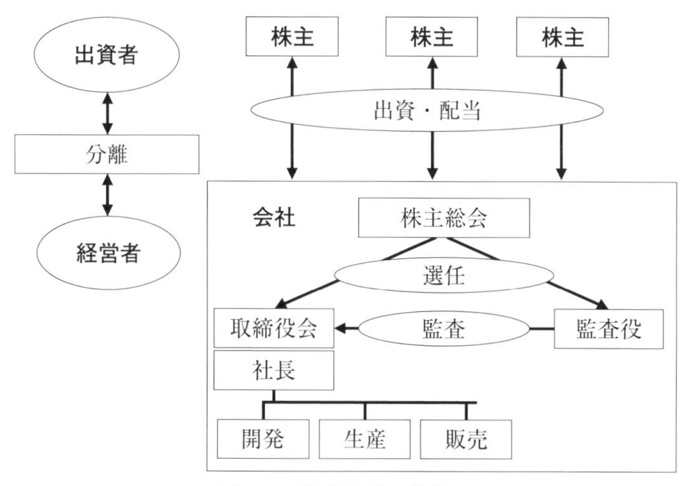

図 2.3　株式会社の仕組み

(3)　株主総会

株主総会は、株式会社における最高意思決定機関である。株主総会では、株主が議決権を行使して、取締役や監査役の選任、配当金額の決定、定款の変更など、会社の重要事項が議論され決定される。

(4)　取締役

取締役は株主総会で選任され、経営方針の決定や会社の運営管理を行う。また、取締役の中から企業を代表する権限を持つ代表取締役を決める。日本では一般に、代表取締役の一人を「社長」と称することが多い。

(5)　監査役

監査役は株主総会で選任され、取締役が適切に業務を執行しているか監督する。業務監査や、会計監査、内部統制の監視などを行う。

2.3.4　会社の組織と業務

(1)　機能別組織

会社には多様な仕事がある。例えば、製品を製造する会社を考えると開発、生産、販売、経理、購買、人事などがある。多様な仕事を効率的に行うためには、類似した仕事をまとめて組織化する必要がある。このような組織を機能別組織という。図2.4に機能別組織の例を示す。

(2)　部門内の構造

開発・設計部門の組織図の例を図2.5に示す。研究部は技術の高度化を担う部門で、技術分野ごとに分かれている。研究部では、現在の競争力の源泉であるコア技術の深掘りの他に将来に備えた基礎研究や、現在の製品を支える基盤研究を行っている。開発・設計部は、製品の開発・設計を行う。

生産部門の組織図の例を図2.6に示す。生産技術部、生産管理部、品質保証部、工場などに分かれ生産に携わっている。工場の製造部は加工課、組立課、発送課などに分かれている。

(3)　事業部制組織

会社が大きくなり、販売する製品の種類が増えると、機能別組織ではトップ

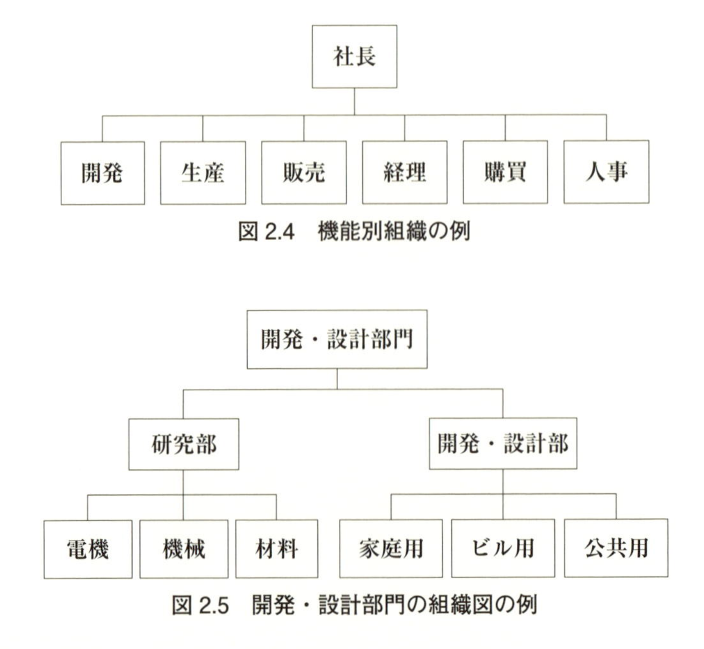

図2.4　機能別組織の例

図2.5　開発・設計部門の組織図の例

の意思決定能力の視点や社員の専門性から事業への対応が難しくなる。そのような場合は、販売する製品、地域、あるいは顧客などを軸に運営主体を構成した事業部制組織とすることがある。

図2.7に、事業部制組織の例を示す。事業部制組織では、事業部ごとに開発、生産、販売、経理、購買、人事などの機能を持つ組織となる。この事業部制組織は、事業部としての利益計算ができるため事業の成果がわかりやすく、迅速に仕事が進められるというメリットがある。半面、各事業部が全社の利益より事業部の利益を優先する傾向があることや、事業部間で仕事が重複する無駄が発生するデメリットもある。このため、人事部門や研究部などは、事業部と同じ階層に位置づけ全社的な組織とする場合もある。

2.3.5　プラットフォームビジネス

プラットフォームを中心としたビジネスモデルを有する企業が経済活動の中で大きな役割を占めてきている。図2.8に、プラットフォームビジネスの概要

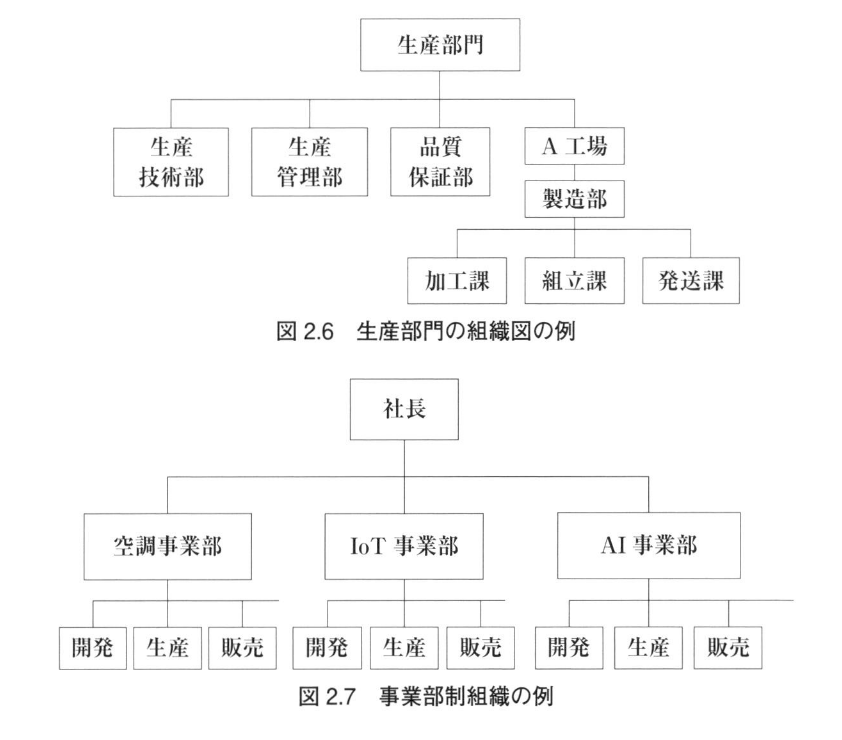

図2.6　生産部門の組織図の例

図2.7　事業部制組織の例

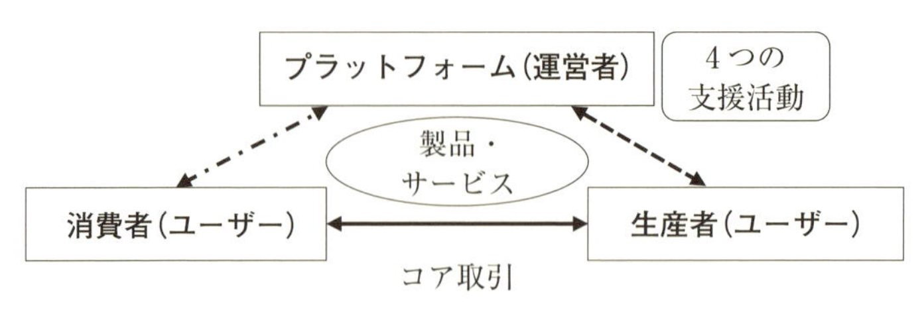

図 2.8　プラットフォームビジネスの概要

を示す。

プラットフォームとは、プラットフォームの運営者が、ユーザーである消費者と、ユーザーである生産者（製品・サービスを提供する人や会社）を結びつけて製品・サービスの交換を可能にするものである。例えば、Google のアンドロイドは消費者とアプリ開発者を結び付け、アマゾンは消費者と出展者を結び付けている。

Google などと組んでプラットフォームを構築している「アプリコ」の創業者であるモザドは、プラットフォームには「コア取引と 4 つの支援活動が必要」だと述べている[8]。コア取引は、消費者と生産者が行う価値（製品、サービス）の交換である。4 つの支援活動とは、「プラットフォームに多くのユーザーにネットワークに参加してもらうこと」「そのユーザーどうしをマッチングして価値を交換してもらうこと」「ユーザーを支援するツールとサービスを提供すること」「ルールと基準を設けて取引を円滑化してネットワークの質を維持すること」である。

世界中の多くの会社や個人がプラットフォームを使用しており、生活に大きな変化をもたらした。各社はプラットフォームを使用する際に提供される大量のデータを AI 技術やビックデータ解析技術を用いて加工し、新たな価値を創り出している。

日本企業が提供するプラットフォームでは、楽天市場や LINE が広く使用されている。

2.4　技術者の仕事と社会への貢献

2.4.1　技術系職種

表 2.1 は平成 27 年に実施された国勢調査をもとに、日本国内で各職業に従

表 2.1　日本の各職業に従事する人の人数

職業分類	人数（人）	比率（%）
A 管理的職業従事者	1,447,190	2.5
B 専門的・技術的職業従事者	**9,337,200**	**15.9**
（B の内数）06 技術者	**(2,379,060)**	**(4.0)**
C 事務従事者	11,446,270	19.4
D 販売従事者	7,315,740	12.4
E サービス職業従事者	6,886,390	11.7
F 保安職業従事者	1,095,480	1.9
G 農林漁業従事者	2,172,370	3.7
H 生産工程従事者	**7,679,870**	**13.0**
I 輸送・機械運転従事者	2,047,270	3.5
J 建設・採掘従事者	**2,562,090**	**4.4**
K 運搬・清掃・包装等従事者	3,906,990	6.6
L 分類不能の職業	2,993,940	5.1
総数	58,890,810	100.0

（出典）　総務省統計局：「平成 27 年国勢調査」の結果をもとに筆者作成

事する人の人数をまとめたものである。

技術者は専門的・技術的職業従事者に分類され、約 238 万人で全就業者の 4.0%となっている。工場など生産現場で働く技能者は、生産工程従事者に分類され約 768 万人で全就業者の 13.0%である。建築現場で働く技能者は、建築・採掘従事者に分類され約 256 万人で全就業者の 4.4%である。

技能者は、技術者の指導のもと協力して生産業務や建築業務に従事する。日本企業では技能者も積極的に改善活動を行い、高い品質と生産性の実現に貢献している。

2.4.2　技術者にかかわる仕事の分類と概要

厚生労働省の職業分類は職業紹介業務における職業の統一基準を定めるために設定され、技術者の仕事の全体像を知る参考となる。「第 5 回改訂厚生労働省編職業分類」では、分類体系は大・中・小分類の 3 層構造となっている。技術者は大分類 02「研究・技術の職業」に分類される。大分類 02 の中分類には、全部で 8 つの職業が含まれる。表 2.2 に、技術者の職業と概要を示す。

表 2.2　技術者の職業と概要

中分類	概要
006 開発技術者	専門的・科学的な知識と手段を応用して行う、食品・飲料、電気機械器具、はん用・生産用・業務用機械器具、輸送用機械器具、金属製錬、化学製品などの製品開発、技術開発、技術改良などの技術的な仕事および金属の製錬・鋳造・鍛造などの技術開発・技術改良などの仕事に従事するものをいう。
007 製造技術者	専門的・科学的な知識と手段を応用して行う、食品・飲料、電気機械器具、はん用・生産用・業務用機械器具、輸送用機械器具、化学製品などを製造するため、および金属の製錬、金属材料の鋳造・鍛造などのため、製品の設計情報にもとづく工程設計・作業設計、工数計画の作成、工程管理、品質管理、技術指導などの技術的な仕事に従事するものをいう。
008 建築・土木・測量技術者	建築または土木に関する専門的・科学的な知識と手段を応用して行う、建築物・土木施設の計画・設計・工事監理・技術指導・施工管理・検査などの技術的な仕事に従事するもの（建築・土木技術者）および測量に関する専門的・科学的な知識と手段を応用して行う、測量計画の作成、測量作業の指揮などの技術的な仕事に従事するもの（測量技術者）をいう。
009 情報処理・通信技術者（ソフトウェア開発）	コンピューター上で作動する Web・オープン系、組込・制御系のシステムソフトウェア（ミドルウェアを含む）およびアプリケーションソフトウェア（パッケージソフトウェアを含む）を作成するため、情報処理および情報通信に関する専門的知識と手段を応用して行う、要件定義、基本設計書・詳細設計書・仕様書の作成、プログラムの開発、作成したソフトウェアのテストなどの技術的な仕事に従事するものをいう。
010 情報処理・通信技術者（ソフトウェア開発を除く）	コンピューターを用いて情報の入出力・変換・計算・検索・蓄積・通信などを行うため、情報処理・情報通信に関する専門的知識と経験を応用して行う、適用業務の分析、情報処理システムの企画・設計、システム開発プロジェクトの管理、コンピューターネットワークの構築、構築されたシステムの運用・管理などの技術的な仕事に従事するものをいう。

（出典）　厚生労働省：「第5回改定 厚生労働省編職業分類　職業分類表 —改定の経緯とその内容—」、独立行政法人 労働政策研究・研修機構をもとに筆者が作成

2.4.3　会社の中の技術者の仕事

技術者は、自分の専門分野の組織に所属して仕事を進めることが多い。会社には多様な仕事があるが、技術者が大きくかかわる新製品開発、研究と生産に関して以下に概要を説明する。

(1)　新製品開発

図 2.9 に新製品開発の流れを示す。ビジョンを実現するため、市場、政治、経済、社会、技術の環境を考慮し、経営戦略が策定される。これを踏まえ、新製品を投入する市場のマーケティングをもとに、営業部門などで商品企画が作られる。この商品企画を受けて、開発・設計部門では製品企画→製品開発→設計→試作まで実施する。生産部門は、新製品の生産準備と生産を実施する。完成した製品は営業部門がお客様に販売する。

表 2.3 に各部門での実施概要を記載する。これらの中で技術者が大きくかかわるのが開発・設計と生産である。

(2)　研究

会社が、他社に競争で勝つためには、技術力で優位に立つことが必要になる。表 2.4 に主な技術を示す。研究部門は基礎研究を通じて、コア技術を確立し、進化させることにより事業に貢献する。また、信頼性の高い製品を設計するには基盤技術も重要になる。例えば、絶縁技術や、潤滑技術などは製品設計の基本となる。研究部門は基盤技術の研究により設計力の向上に貢献している。電波天文台など製品全体を取りまとめる場合には、システム化技術が大切になる。

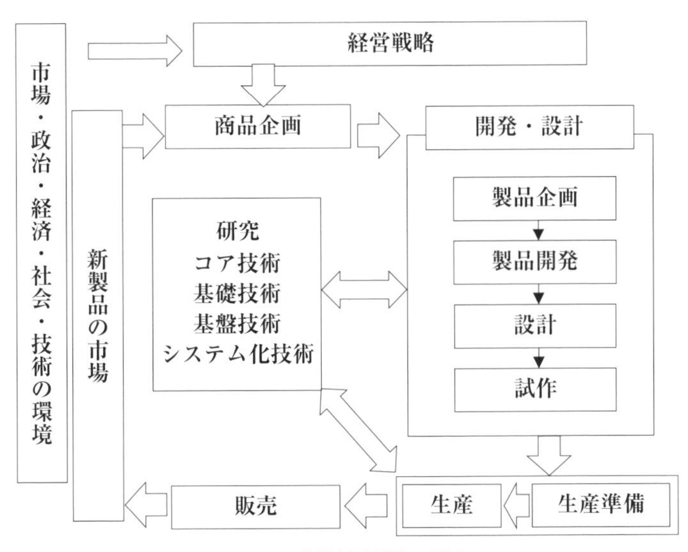

図 2.9　新製品開発の流れ

表 2.3　新製品開発の流れとそれぞれの機能

<table>
<tr><td colspan="2">商品企画</td><td>市場調査、顧客ニーズ、自社の戦略、技術予測、競合製品などをもとに製品コンセプトを決める。</td></tr>
<tr><td rowspan="4">開発
設計</td><td>製品企画</td><td>製品コンセプトを実現する要求機能、目標原価、日程、開発技術、新製品の販売計画などを明確にする・</td></tr>
<tr><td>製品開発</td><td>新製品を作るための原材料・部品の仕様、製品の性能・品質など製品仕様を決定する。</td></tr>
<tr><td>設計</td><td>製品仕様にもとづき方式、構造、形状、材料を定め、設計図や部品表、組立図を作成する。</td></tr>
<tr><td>試作</td><td>試作品をつくり、製品仕様を満たすか確認する。
問題があれば設計に戻る。OK が出れば生産に移る。</td></tr>
<tr><td rowspan="2">生産</td><td>生産準備</td><td>生産方法の検討を行い、工程を設計し、必要な設備の導入を行う。</td></tr>
<tr><td>生産</td><td>生産管理、品質管理、材料の購買管理を行い、計画した品質、原価、生産数を達成する。</td></tr>
<tr><td colspan="2">販売</td><td>販売網を用いて計画した販売を達成する。</td></tr>
</table>

<table>
<tr><td>研究</td><td>研究により開発・設計や生産部門に必要な技術を提供する。</td></tr>
</table>

表 2.4　会社における技術の分類

技術の分類	概要	例
コア技術	他社との優位性の源泉となる技術、時代とともに変化する。優位性、独自性、顧客価値への重要性、応用範囲の広さを有する。	AI、ビッグデータ解析技術、液晶技術、有機 EL 技術、回転機設計技術、パワーエレクトロニクス技術
基礎技術	将来のコア技術候補	量子暗号技術、量子計算機技術、全固体電池技術
基盤技術	顧客ニーズに応える製品設計を実現するための技術	構造設計技術、絶縁技術、潤滑技術、冷媒回路技術
システム化技術	製品全体を取りまとめる技術	人工衛星構築技術、望遠鏡構築技術
ユニバーサルデザイン技術	誰もが気持ちよく使える技術	家電機器の表示・操作

高齢化対応としては、ユニバーサルデザイン技術が重要である。研究で成果が出るには数年単位の時間がかかる。将来の製品戦略を実現するために、どのような技術をどの程度まで高度化するかを開発・設計部門や生産部門とコミュニケーションをとりながら検討し、開発のロードマップを作り共有しながら研究

表 2.5　生産にかかわる主な部門と業務概要

部門	業務概要
生産技術部門	製造設備の導入や保守、治工具類や金型準備や管理を行う。
生産管理部門	顧客要求に対するQCDを実現できるように生産計画を立て、購買品や在庫の管理、工程の管理を行う。
品質保証部門	品質管理プロセスの策定や改善を行う。クレームの対応と関係部門へのフィードバックを行う。
製造部門	生産計画にもとづき、製造指示や管理を行う。

を進める必要がある。

(3)　生産

会社で生産にかかわる主な部門と業務概要を表2.5に示す。生産準備では、開発・設計部門と連携し、生産では技能者と一体となって活動する。

2.4.4　技術者に必要な基礎学力、専門知識、社会人基礎力

技術者になるためには、基礎学力·専門知識を身につけることが必要である。会社により要求される専門知識は多様である。その会社でどのような専門知識が要求されるか早い段階で調査し､大学で何を学ぶかを考えておく必要がある。会社では課題に対してチームで成果を出す。この際に役立つのが社会人基礎力で①前に踏み出す力、②考え抜く力、③チームで働く力から構成されている。会社に入ると大学での学びに加え、各々の専門家になるための経験を積み、失敗などからも学ぶことでプロの技術者に成長することができる。

第2章の参考文献

[1]　P・F・ドラッカー：『マネジメント［エッセンシャル版］―基本と原則』、ダイヤモンド社、2001年

[2]　P・F・ドラッカー：『ドラッカー名著集11 企業とは何か』、ダイヤモンド社、2008年

[3]　岩井克人：『会社はこれからどうなるのか』、平凡社、2009年

[4]　M・E・ポーター 他：『経済的価値と社会的価値を同時実現する共通価値の戦略 kindle版』、(DIAMONDハーバードビジネスレビュー論文、ダイヤモンド社、2011年)、位置No74/637

[5]　ヘンリー・ミンツバーグ 著、池村千秋 訳：『MBAが会社を滅ぼす マネジャーの正しい育て方』、日経BP、2006年
[6]　松林光男、渡部弘：『＜イラスト図解＞工場のしくみ』、日本実業出版社、2004年
[7]　坂田岳史：『＜イラスト図解＞会社のしくみ』、日本実業出版社、2007年
[8]　アレックス・モザド他 著、藤原朝子 訳:『プラットフォーム革命 Kindle版』、（英治出版、2018年）、p.198、位置No2410/5508
[9]　総務省統計局：「平成27年国勢調査就業状態等基本集計結果」、2017年
[10]　厚生労働省：「第5回改定 厚生労働省編職業分類　職業分類表 —改定の経緯とその内容—」、独立行政法人 労働政策研究・研修機構、2022年

第3章

Quality(品質)

3.1　Quality(品質)とは

Qualityは、『オックスフォード現代英英辞典　第10版』(オックスフォード大学出版局、2020年)で“the standard of something when it is compared to other things like it”とされており、「何かを他の同様なものと比較する時の基準」との意味になる。

Qualityは、Dictionary by Merriam-Websterでは“peculiar and essential character”とされ、「独自の重要な性質」を意味している[1)]。

日本品質管理学会の「日本品質管理学会規格　品質管理用語JSQC-Std 00-001：2023」においては、「品質／質」は囲み《日本品質管理学会における「品質／質」の定義》と図3.1に示すように定義されている[2)]。

> **《日本品質管理学会における「品質／質」の定義》**
>
> 製品・サービス、プロセス、システム、経営、組織風土など、関心の対象となるものが明示された、暗黙の、または潜在しているニーズを満たす程度。
>
> 注記1　ニーズには、顧客と社会の両方のニーズが含まれる。
>
> 注記2　品質／質の概念を図に表すと、次のとおりとなる(図3.1)。
>
> 注記3　プロセス、システム、経営、組織風土については「質」を使う場合が多い。

1)　Dictionary by Merriam-Webster, “quality”(https://www.merriam-webster.com/dictionary/quality)

2)　日本品質管理学会：『日本品質管理学会規格　品質管理用語JSQC-Std 00-001：2023』、p.6、2.4 品質／質

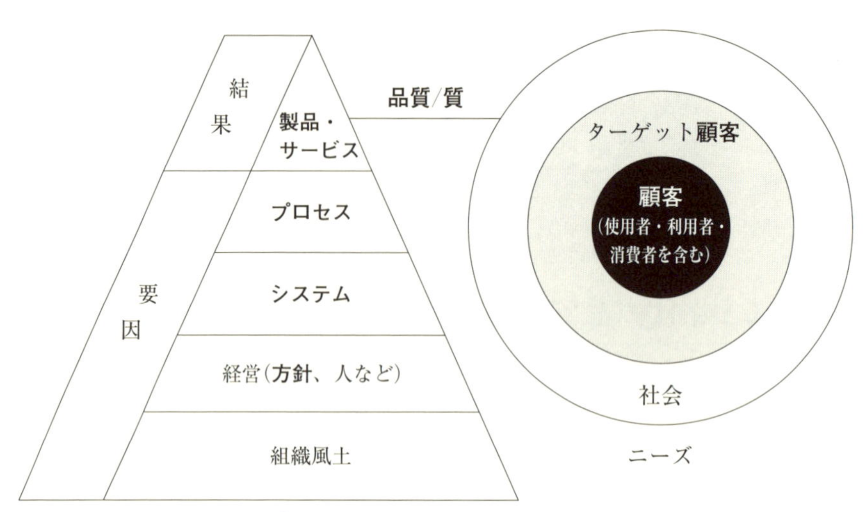

(出典)　日本品質管理学会:『日本品質管理学会規格　品質管理用語 JSQC-Std 00-001:2023』、2023年

図3.1　品質／質の概念

本書では、英語の「Quality」と日本語の「品質」を同義語とみなし、次のように定義して取り扱う。

> **《Quality(品質)とは》**
>
> Quality(品質)は、市場の動向や顧客の要求にもとづいた製品・サービスについて、信頼性を軸とした特性を備え、市場や顧客が必要とする価値を満たすことを指す。
>
> 言い換えれば、Quality(品質)は、製品・サービスが持つ価値そのものであり、その価値はCustomer(顧客)にとっての価値である。

3.2　品質管理

同じ原料を用い、同じ機械を使って、同じ作業を行ったとしても、作られた製品の品質にはバラツキが生じる。製品を生産するには、このバラツキを管理していくことが重要であり、品質を一定の水準に保つための活動を品質管理(Quality Control:QC)という。製造工程では、製品の完成検査だけでなく、各工程で品質チェックをしており、それぞれの製造工程の中で品質を造り上げることが重要となる。

品質管理は、初期には製造および検査部門の活動からスタートしたが、現在では多くの部門にまたがる組織的な活動となっている。例えば、自動車は約2〜3万点の部品から構成されており、部品会社から自動車メーカーに至るまで、設計や営業を交えた所定の品質を確保するための活動を行っている。

品質の向上は、直接的には不良品の撲滅に結び付くが、その結果はCost(原価)の低減につながり、Delivery(デリバリー)の遵守を確実にし、ひいては顧客の満足や会社の収益向上に貢献することになる。

3.3　統計的品質管理

統計的品質管理(Statistical Quality Control：SQC)は、アメリカのシューハート(Walter Andrew Shewhart)が「生産工程が正常なのか異常なのかを判断する」ために「シューハート管理図」を作成したことから始まった。日本では、第2次世界大戦後にデミング(William Edwards Deming)が統計的品質管理の講義を行ったことで幅広く普及し、1951年にはデミング賞が制定され、これを多くの日本企業が受賞している。

統計的品質管理は、限られた情報(データ)から全体の状況(母集団)を推測するために用いられる。データには、図3.2に示すように、さまざまな種類のものがある。データとして日常的にしばしば取り扱われる計量値は、母集団を左右対称分布である正規分布としてみなしてよいことが多い。そのため、統計的品質管理において、計量値の検定・推定などで用いられる正規分布は重要な分布となっている。

図3.3に示すように、正規分布は確率分布の1つであり、μは母平均、σは

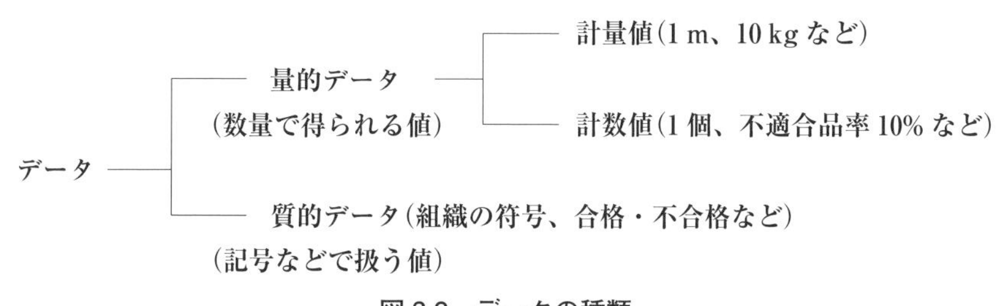

図3.2　データの種類

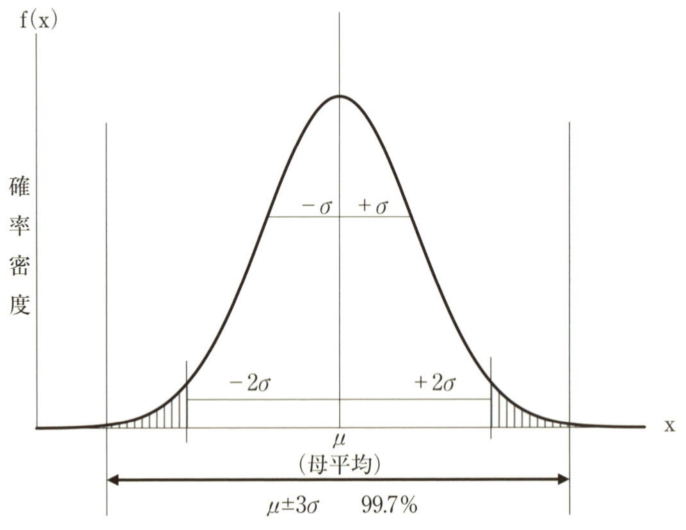

図 3.3　正規分布図

表 3.1　検査の方法

検査方法	内容
全数検査	ロット内の全部を検査する。 ・結果を基準と比較して、1つひとつの合格・不合格を判定する。
抜取検査	あらかじめ定めた抜取検査方法に従って、ロットからサンプルを抜き取って検査する。 ・結果をロット判定基準と比較して、ロットの合格／不合格を判定する。

標準偏差を表す。$\mu \pm 3\sigma$ に入る確率は 99.7%となり、範囲外となるのは 0.3%（1,000 分の 3）である。そのため、品質管理で用いられる「QC 七つ道具」の1つである管理図では、プロセス管理を理念として、-3σ と $+3\sigma$ を下限と上限の管理限界におき安定状態の判定を行っている。

モノづくりには必ずバラツキがあるため、これを管理する必要がある。モノづくりにおけるバラツキには以下のようなものがある。

・原材料・部品のバラツキ
・製造ラインの違い、機械設備の状況など作業工程のバラツキ
・作業者の交替や体調による人のバラツキ
・温度・湿度などによる環境のバラツキ　など

製品を提供する会社では、不良品を出荷しないようにするため、出荷前に完成検査を行うことが多い。その検査の方法には 表3.1に示すように2種類のものがある。重要で金額が大きいものや1つひとつの特性が異なる特殊な製品については、全数検査が行われる。破壊検査が必要となるものや、工程が安定しており効率的で効果的な検査を行おうとする一般的な製品については抜取検査が行われる。

3.4 TQM(Total Quality Management)

日本製品「Made in Japan」は品質が良く、信頼できるとの高い評価を世界から得ている。日本の品質に関する活動は、全社的品質管理のTQC(Total Quality Control)を経て、総合的品質マネジメントのTQM(Total Quality Management)として発展している。

TQMについては、以下のように位置づけることとする。

「品質を中核に、顧客のニーズを満たす製品・サービスの提供と、働く人々の活力向上を目指し、科学的な手法によるプロセスの改善を全員参加で進め、環境変化に適応した効果的・効率的な組織運営を行う活動」

TQMの3本柱は、図3.4に示すように、顧客重視、継続的改善、全員参加である。また、TQMの基本に位置づけられるものは、QC的ものの見方・考え方である。

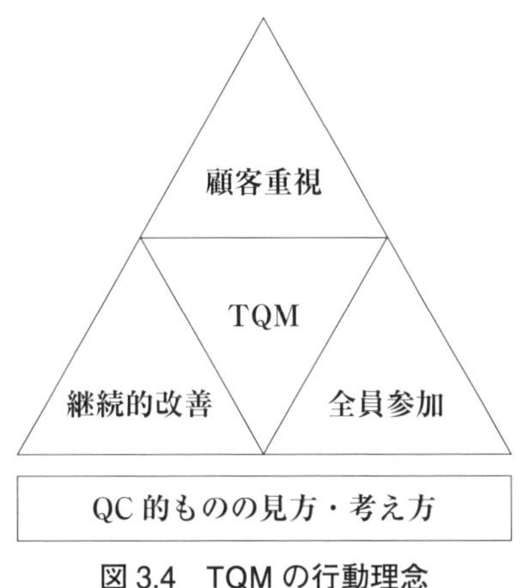

図3.4 TQMの行動理念

3.4.1　顧客重視

品質は顧客のためのものであり、原価や生産性は会社のためのものである。製品・サービスの品質は顧客満足を得るものでなくてはならない。即ち、顧客満足を獲得する活動が品質向上であり、社員の一人ひとりが、自分の仕事が顧客満足につながっていることを意識できなければならない。

3.4.2　継続的改善

継続的改善の本質は、次のようなものである。

① 現状に留まることを良しとしない。

② 自ら考えて行動する。

③ 果敢に挑戦する。

④ それらに対して報いる。

社員全員が日々の業務において継続的改善に取り組んでいる会社とそうでない会社があるとすれば、その差の蓄積は大きなものとなる。また、継続的改善は個人レベルで行うものに留まるのではなく、部門レベルひいては会社レベルで取り組むものである。したがって、TQMでの継続的改善とは、組織のあらゆる断面で大小さまざまな破壊と創造が繰り返されていることを意味する。

3.4.3　全員参加

全員参加とは、社長ほかの役員、部長･課長などの管理職、各部門の従業員、それらの人々がもれなく会社の目的に向かってベクトルを合わせ、参画することである。しかしながら、実際これは容易な事ではない。例えば、販売部門は品切れを避けるため発注量を水増ししたり、生産部門は見せかけの能率を上げるため生産量をかさ上げするなど、全体最適ではなく自分の組織を優先する部分最適に落ち入る事例を見聞きすることがある。そうならないために、後述する方針管理や日常管理などを行うことが必要となってくる。

3.5　QC的ものの見方・考え方

TQMを進めて行くうえで基本とすべき事柄が「QC的ものの見方・考え方」であり、以下の3.5.1～3.5.5項で説明する。

3.5.1　現地現物

現地現物は、物事の実態を把握し、問題解決を展開する基本となる。現地現物は、現地に足を運んで、実際に現物を前にして五感を働かせて考えることである。

人間へのインプット情報は、視覚、聴覚、嗅覚、味覚、触覚の五感を通したものとなる。そのため、現在のITをもってしても、現地現物で得られる情報は質が異なり量も多彩なはずである。さらに、現地現物を重ねることによる教育訓練の効果も期待される。

また、仮説を検証する際に、現地現物による確認で気付かされる事柄は多い。

3.5.2　事実・データによる管理

品質管理においては、人の経験や勘に頼るのではなく、データなどの客観的な事実にもとづいた判断や管理が重要になる。事実・データによる管理の基本は、現地現物で五感を使って観察して得られた情報から、事実にもとづき現象を捉えることである。事実を表すために、どういうデータを取るべきかを決め、正しいデータの測定を行い、科学的なアプローチによりQC手法を使ってデータの解析をすることが必要である。

3.5.3　QC 手法

QC手法とは、情報やデータを「見える化」するためのツールである。QC手法は問題解決の各ステップで幅広く活用することができる。

QC手法にはQC七つ道具、新QC七つ道具、統計的手法がある。

(1)　QC 七つ道具

QC七つ道具は次の手法である。

① 特性要因図(図3.5に例を示す)
② パレート図
③ ヒストグラム
④ 管理図
⑤ 散布図
⑥ グラフ
⑦ チェックシート

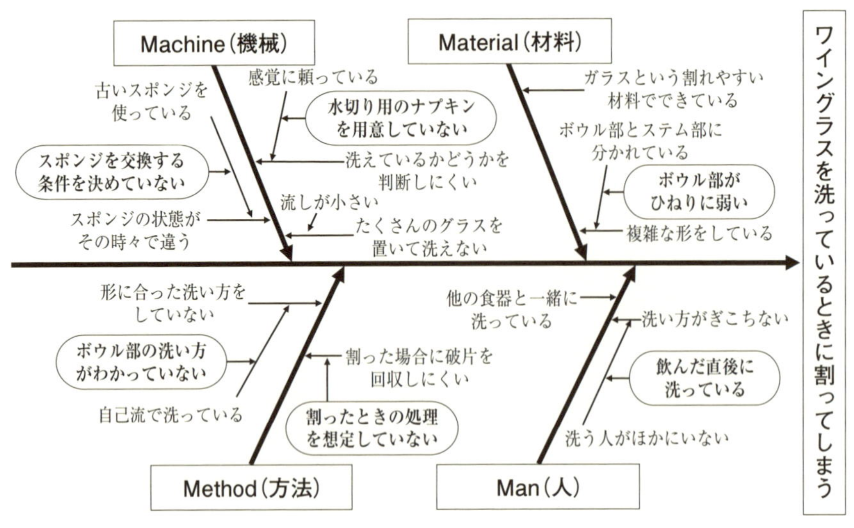

図 3.5　特性要因図の例

(2)　新 QC 七つ道具

新 QC 七つ道具は次のものである。

① 連関図
② 系統図
③ マトリックス図
④ 親和図
⑤ アローダイアグラム
⑥ PDPC 法
⑦ マトリックス・データ解析

(3)　統計的手法

代表的な統計手法を以下に示す。

① 検定・推定
② 相関分析・回帰分析
③ 実験計画法
④ 多変量解析　など

3.5.4　PDCA サイクル

仕事は行いさえすればよいというものではなく、今後の向上・発展のためにPDCA サイクル(Cycle)を回すことが肝心である。図 3.6 に示すように、PDCA サイクルとは、仕事の計画(Plan)を立案し、これに従って実施(Do)し、その結果を確認(Check)し、良し悪しを踏まえて処置(Act)を取ることである。

PDCA サイクルを回すことの大きな意義は次の 2 つである。

(1)　ムリ・ムダ・ムラを減らして「やり直し」を少なくする

Do のみに意識が集まり、仕事を手当り次第に行って、片付いたらそれで終わりというやり方は、時間を使って仕事をしたという当人の充実感は高いかもしれない。しかし、試行錯誤しながらで出戻りの多い進め方となり、後から品質を高めるための「やり直し」が多いことになりがちである。PDCA サイクルを回すことは、ムリ・ムダ・ムラを減らして「やり直し」を少なくすることにより、高い品質を確保することやトータルの仕事に掛かる時間を減らすことにつながる。

(2)　革新や新たな価値創造が生まれるきっかけとなり得る

PDCA サイクルを真剣に回し続けると、身近な改善に留まることにはならず、必ず新たな戦略を展開すべき事柄などに行きつくはずである。組織内や組織を超えた改善あるいは革新が生まれるきっかけとなり、ひいては顧客の期待を超える新たな価値創造につながるものである。

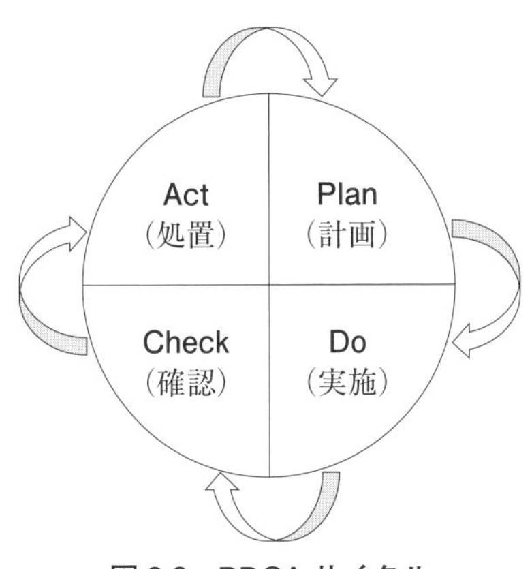

図 3.6　PDCA サイクル

3.5.5　標準化

標準は、製品の作り方やサービスのやり方など仕事の進め方を、繰り返したり共通に行ったりするために取り決めたものである。取り決めたことは、文書化してマニュアルや標準書とすることが多い。標準化とは、マニュアルや標準書を制定・改定し、実際に運用をはかることである。標準化をしなくても仕事を行うことは可能であるが、その時々で仕事のプロセスに差異が生まれ、仕事の成果にバラツキが生じることとなる。そのため、「標準なくして改善なし」という戒めの言葉がある。

3.6　TQMの活動体系

TQMの活動体系で軸となるのは、「方針管理」と「日常管理」である。合わせて、関連する事柄について述べる。

3.6.1　方針管理

方針管理とは、①会社のビジョンを実現するために、②会社レベルや部レベルにおける年度の方針を定め、③PDCAサイクルを回しながら各方針を展開し、④方針の点検を行い、⑤会社の“プロセス”と“成果”を高める仕組みのことをいう。図3.7に示すように、方針管理は、会社全体の各部署でPDCAサイクルを回すことを意味する。

方針管理は、部レベルだけで行うとセクショナリズムによる部分最適になり得るので、横串を通して全体最適化をはかるために、後述する機能別管理と合

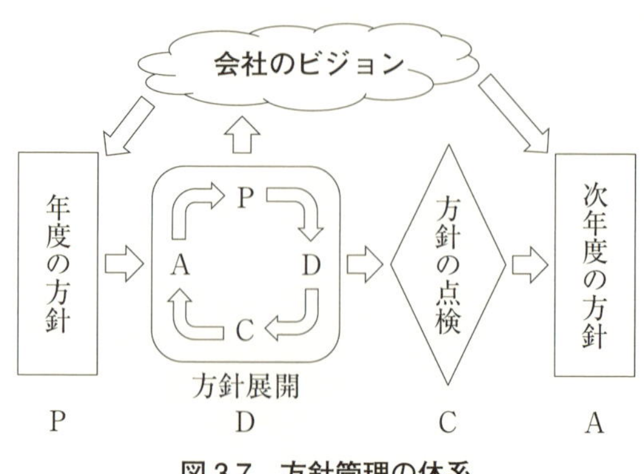

図3.7　方針管理の体系

わせて取り組まれることがある。

⑴　会社のビジョン

会社のビジョンは会社の将来的に目指す姿であり、これに加えて 3~5 年の中期経営計画を含めることもある。

⑵　年度の方針

会社のビジョンにもとづき、年度の方針は実際の行動に結びつくことが重要であり、“方策(方針項目)”、“目標”、“計画(実施計画)” がセットになったものである。表 3.2 にその例を示す。

⑶　方針の点検

方針の点検に際しては、“目標” に対する “成果” の達成度がポイントであるが、そこに至った “プロセス” を確認し、次年度の方針に反映することが企業体質の向上に結び付く。

3.6.2　日常管理

日常管理とは、日常業務の遂行を管理するシステム(仕組み)のことである。日常業務は何かというと、“会社の使命を果たすために日々行われている仕事” そのものである。この日常業務がいかに適切に行われているかが、会社の屋台骨を支えることとなる。

表 3.2　年度の方針例

2025 年度　第 1 先進技術部方針

会社方針	方針項目	目標	実施計画
安全・安心な次世代商品の開発	1. 移動体との衝突回避システムの開発	⑴　10 km/h の移動体：衝突回避率 80%以上 ⑵　60 km/h の移動体：衝突回避率 50%以上	・123A への搭載(2025/4 発売) ・456B 試作車への実装(2025/10 開発会議)
	2. 人との衝突時における衝撃緩衝装置の開発	⑴　ボディの新規開発項目　世界初 2 点 ⑵　付属装置の新規開発項目　世界初 2 点	・789X への採用(2025/6 発売) ・国土交通省の認定(2025/12)

日常管理を行う際に大事なことは、「異常」が感知できるかどうかである。さらに、「異常」が感知できるためには、そのモノサシとなる「標準」がなければならない。日常業務で行っていることは、プロセスあるいは工程を運営することである。継続的によい成果を生むためには、プロセスが上手く回るようにすることが必須となる。

3.6.3　機能別管理

会社の組織は、企画、設計、生産技術、調達、生産、販売などの基幹プロセスに応じて部門別に構成され、管理されることが一般的である。したがって、方針管理においても、部門別や部ごとに策定されることが多い。

しかし、規模の大きい会社においては、どの部門にも共通して必要となる品質、原価などを各部門でバラバラに取り組むのではなく横串を通して管理する必要が生じる。このような部門横断的なマネジメントを行うことを機能別管理という。また、図3.8のように縦軸の部門別管理と横軸の機能別管理の両方を行うことをマトリックスマネジメントという。

3.6.4　「品質は工程で造り込む」

先に、工場を中心とした内容での説明を行う。製品の品質は、検査で良品と不良品を選別して確保するものではない。図3.9で示すように、品質は工程(Process)そのもので造り込むものである。そのためには、まず工程に入力(Input)される適切な材料(Material)が必要となる。また、工程においては、人(Man)、機械(Machine)、方法(Method)が整ったものでなければならない。こうした工程を経た結果の出力(Output)として、良品の製品(Product)が生ま

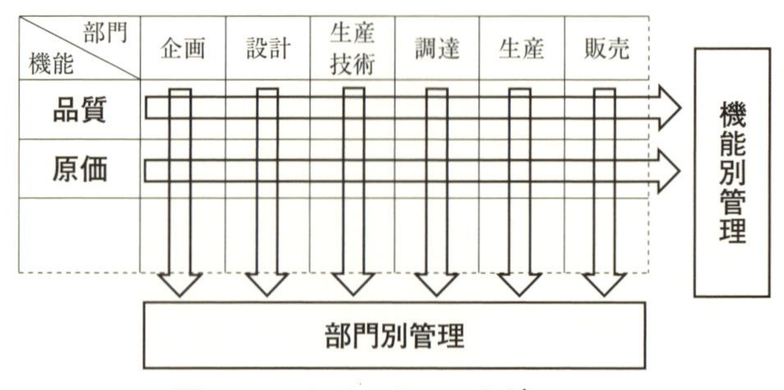

図3.8　マトリックスマネジメント

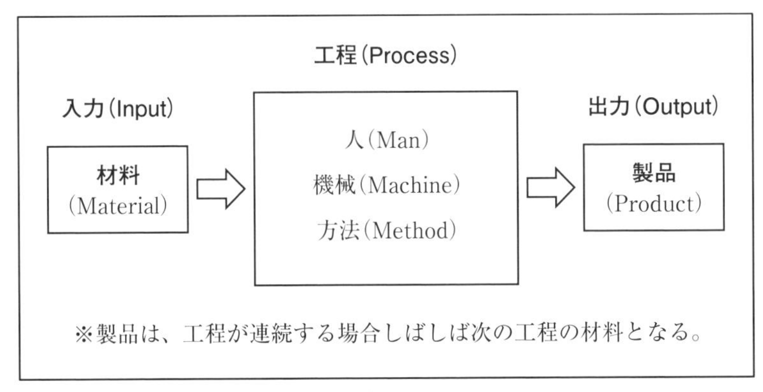

図3.9　プロセスの概念

れる。製品は、工程が連続する場合しばしば次の工程の材料となる。

これらのことをもって、「品質は工程で造り込む」という。

「品質は工程で造り込む」ことが、Cost(原価)の低減につながり、Delivery(デリバリー)の遵守となり、Engineer(技術者)の教育訓練となることにより、Company(会社)の体質を強め収益向上に結び付くことになる。

「品質は工程で造り込む」は工場に限って必要なことではない。事務・技術部門における次の工程に対する品質確保を確実なものとするため、トヨタ自動車では「自工程完結」の推進を図っている。

《自工程完結とは》

- 狙い－事務・技術部門における、仕事の「質」向上
- 目指す姿－仕事の良し悪しを、その場で判断できるようにすること
- 手法－仕事の「目的・目標」を明確にし、進め方(プロセス)、必要なものと情報(良品条件)、何をやるか(要素作業)をあらかじめ考えて整理

3.6.5　後工程はお客様

お客様というとエンドユーザーをイメージしやすいが、第1章、第2章で見てきたように取引先の会社を示すことも多い。また、後工程とは、会社内において自分がした仕事の結果を渡す、自分の後に位置する組織や人のことを指す。例えば、設計部門が描いた図面にもとづいて仕事をする生産部門は、後工程に

位置づけられる。大きな会社になるほど、仕事が分業化されており、最終的な顧客に自分の仕事の成果を直接渡すことはほとんどなく、自分の仕事は次の仕事へとつながっており、プロセスが連鎖している。

工場においては工程という言葉が日常的に使われているが、事務・技術部門においても書類や設計図を提供する会社内外の組織や人が存在しており、自分の後に次のプロセスがあると捉えればよい。

自分の仕事を行うだけでも大変ということになりがちだが、後工程の立場で物事を考え、喜んでもらえる仕事の結果を提供することが、会社全体の品質を高めて顧客からのよい評価に結び付くこととなる。

3.7　問題解決

3.7.1　問題とは

図3.10で示すように、「問題とは、あるべき姿と現状との差異（ギャップ）のこと」である。問題がはっきりしていなければ、解決策を考えても意味をなさない。そのため、最初に問題を明確にし、解決すべき問題点を特定することが大切である。

3.7.2　問題解決のステップ

問題解決のステップには、いくつかのものがある。

以下の囲みに代表的なものを示す。

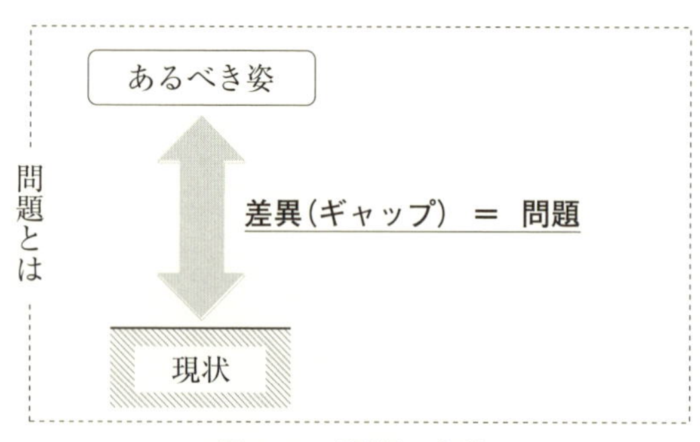

図3.10　問題の定義

《問題解決のステップ「問目推現対対結残」》

問：問題の発見、テーマの決定
目：目標の設定
推：推進計画の立案
現：現状の調査、分析
対：対策の検討、立案
対：対策の実施
結：結果のチェック、定着化
残：残された問題と今後の進め方

他にも、トヨタ自動車の「TBP(Toyota Business Practices)」などもあり、細かな違いこそあるが、以下の３つをどの問題解決のステップにおいても重要視している。

①　問題を明らかにする。
②　原因を深掘りする
③　対策を吟味する。

「問題」を解決するには、「原因」から「真の要因」を探ることが肝心である。そのために、先に述べた「特性要因図」や、「なぜ」という問いを５回繰り返す「なぜなぜ分析」が用いられる。

不具合が起きたときに手直しなどを行うことは、不具合に対する「処置」である。同じような事象が次に起こらないように再発防止の策を講じるのが、「対策」の意味するところである。

《問題解決のステップ「TBP」》

Step1：問題を明確にする(問題の明確化)。
Step2：問題を層別し、問題点を特定する(現状把握)。
Step3：目標を設定する(目標設定)。
Step4：真因を特定する(要因解析)。
Step5：対策を立案する(対策立案)。
Step6：対策を実行する(対策実施)。
Step7：結果と取組み過程を評価する(効果の確認・評価)
Step8：標準化し、横展開する(標準化)。

3.8　品質保証

3.8.1　品質保証の役割

品質保証は、「顧客が不具合なく使えていること」→「顧客・社会のニーズを満たすこと」の意味で使われたりするが、会社においてはより広い活動として行われることがある。複雑な機能の製品を扱う会社における品質保証部の業務は、要求品質と品質特性の相互確認、品質仕様の社内調整、改良品の評価、製品出荷後の顧客対応などと多岐にわたるものがある。

工場では計画生産数の達成に目が行きがちとなり、品質より生産が優先される恐れもあるため、品質保証部を工場と別組織にしたりする。

3.8.2　製品の保守

製品については、品質保証期間を保証書に規定し、メンテナンスのために取扱説明書などに交換の部品や時期を記載している。製品によっては部位毎で保証期間が異なったり、使用期間が長期にわたったりすることもあるので、販売数に応じた部品をきめ細かく供給できるようにする必要がある。

3.8.3　クレームの対応

見込生産の製品において期待する機能が発揮されなかったり、受注生産の製品において契約内容に対する見解が異なったりすることなどから、顧客の中には製品・サービスに満足できず不満・クレームを申し出ることがある。それに備えて、会社はお客様相談センターなどのクレーム対応窓口を設置している。時には顧客から厳しい言葉を浴びせられる場合もあるが、落ち着いた丁寧な対応が大切となる。顧客への配慮が不足して拙いクレーム対応を行うと、マスメディアやSNS(Social Networking Service)などから悪い評判が広がり、売上や経営全体にも影響が出るため、社内の素早い情報伝達や周到な準備と相手の立場を考えた対応が必要である。

また、クレーム対応窓口は、苦情の受付をするだけに留まらず、製品・サービスのモニタリング機能を合わせ持っており、商品改良へのフィードバックを行うことも重要な役割である。顧客のクレームから、今後の開発テーマに関する大きなヒントを得ることもある。

3.9 品質マネジメントシステム：ISO 9001

3.9.1 ISO

国際取引の拡大に伴い、材料や製品の規格統一を始めとして、国際的に管理基準を統一する必要性が生じた。そのため、ISO(International Organization for Standardization：国際標準化機構)が設立され、国際標準が生まれた。

ISOは、工業分野(製品、材質、試験方法など)を対象にして、国際的な標準規格を策定する団体(非政府組織)で、本部はスイスのジュネーヴにある。ISOの認証を得るには、審査機関による審査により、ISO規格に適合していることの証明を受ける。ISO規格の例として、ネジ、非常口のマーク、カードのサイズなどがあげられる。

3.9.2 ISO 9001

ISO 9001は、品質マネジメントシステムに関する規格を表している。ISOマネジメントシステム規格は、組織の「仕組み」に関する国際的な基準を示したもので、ISO 9001はその最初に制定されたものである。

ISO 9001にもとづく品質マネジメントシステムの構築によって、製品・サービスの質を確保・向上し、顧客満足を得て、経営の改善・革新を目指そうとする会社が数多くある。ISO 9001の取得が、EU諸国との取引では必須条件となっていることがあり、日本においても取引条件の1つにしている会社がある。

第3章の参考文献

[1] 石川馨：『第3版　品質管理入門』、日科技連出版社、1989年
[2] 久米均：『シリーズ現代工学入門　品質管理』、岩波書店、2005年
[3] 久米均：『品質経営入門』、日科技連出版社、2005年
[4] 仁科健 他：『スタンダード　品質管理』、培風館、2018年
[5] 奥村士郎：『統計的手法入門テキスト　検定・推定と相関・回帰及び実験計画』、日本規格協会、2008年
[6] 佐々木眞一：『トヨタの自工程完結―リーダーになる人の仕事の進め方』、ダイヤモンド社、2015年
[7] 古谷健夫 他：『“質創造”マネジメント　TQMの構築による持続的成長の実現』、日科技連出版社、2013年

［8］ 日本品質管理学会 編：『新版　品質保証ガイドブック』、日科技連出版社、2009年
［9］ 日本品質管理学会：『日本品質管理学会規格　品質管理用語 JSQC-Std 01-001：2023』、日本品質管理学会、2023年

第4章

Cost(原価)

4.1　Cost(原価)とは

4.1.1　Cost の定義

Cost は、『オックスフォード現代英英辞典　第10版』(オックスフォード大学出版局、2020年)で“the amount of money that you need in order to buy, make or do something”とされており、「何かを買う、作る、行うために必要な金額」を意味している。

企業会計審議会による「原価計算基準」では、原価とは、「経営における一定の給付にかかわらせて、把握された財貨または用役の消費を、貨幣価値的に表したものである」とされている[9]。

本書では、英語の「Cost」と日本語の「原価」を同義語とみなし、次のように定義して取り扱う。

《Cost(原価)とは》
Cost(原価)は、製品やサービスを生み出す際に必要な費用を指す。

4.1.2　会社の持続性と収益

会社は、顧客に製品・サービスを販売し代金を得ている。この代金を売上金と呼び、ある一定期間の売上金を集計したものを売上高という。製品などの製造、販売には、原材料や部品の購入費、人件費、光熱費、家賃などの費用がかかる。売上高から費用を差し引いたものが利益となる。

会社は事業を継続するために利益が必要であり、利益が出せる原価を実現する努力を行っている。顧客が求めるものを他社より原価を抑えて製造し、高い価格競争力をもった製品の実現に向けて、技術者は開発や生産などの活動を行っている。

4.2　会社の財務状況

4.2.1　財務諸表

会社の経営状態は、表4.1に示す各財務諸表で把握することができる。会社は決算で売上高と損益、および金の調達方法と使い方などを開示している。会社の収益性、成長性、健全性などを分析することができ、同業他社との比較や業界ごとの対比にも利用できる。財務諸表は、金融庁がEDINET「金融商品取引法に基づく有価証券報告書等の開示書類に関する電子開示システム」で公開しており、自由に閲覧できる。

表4.2、表4.3、表4.4に財務諸表の事例を示す。

4.3　原価の分類

図4.1（p.56）に原価の構成を示す。原価を取り扱う際は、目的ごとに①～④の4つに分類し、概ね次のような使い方をする。①は原価を操業度によって分析し、利益計画などを判断するために用いる。②は製造に要した原価に、営業経費などや本社人件費などを足して原価を確定する。③は製造原価を把握するために、3費目に分類する考え方である。それぞれに要した材料費、労務費および経費に分類することで製造原価を導く。④は製品を製造する際に発生したことが明確にわかる費用の製造直接費と、製品を製造する際に発生した費用で

表4.1　主な財務諸表

財務諸表名	概要	主な内容
損益計算書	一定期間にその会社に入ってきた金と出ていった金をまとめた書類	売上高・売上総利益・営業利益・経常利益・税引前当期純利益・当期純利益が開示され、どのように利益を出しているかがわかる。
貸借対照表	ある時点において、どのくらいの財産および負債や権利を所有しているかをあらわす表	資産・負債・純資産の状況が開示され、資金の調達方法とその資金を用いてどのような資産を有しているかがわかる。
キャッシュフロー計算書	会計期間における資金の増減を表す書類	営業活動・投資活動・財務活動の状況が開示され、キャッシュを生み出す現金創出力や外部からの資金調達への依存度がわかる。

表 4.2　損益計算書

（単位：百万円）

科　　目	前期 自 2022 年 4 月 1 日 至 2023 年 3 月 31 日	当期 自 2023 年 4 月 1 日 至 2024 年 3 月 31 日	5 種類の利益 (①～⑤)
売上高	4,908,199	5,202,919	
売上原価	3,953,004	4,210,511	
①売上総利益(粗利)	**955,195**	**992,408**	**直接要した原価を除いた利益**
販売費及び一般管理費	489,824	552,197	
②営業利益	**465,371**	**440,211**	**本業で稼いだ利益**
営業外収益	21,055	31,080	
受取利息、配当金	7,536	8,440	
その他	13519	22,640	
営業外費用	30,415	43,743	
支払利息	18,836	31,531	
その他	11,579	12,212	
③経常利益	**456,011**	**427,548**	**資産を反映した利益**
特別利益	10,025	49,023	
固定資産処分費	3,935	7,249	
投資有価証券売却益	6,090	41,774	
特別損失	25,540	20,735	
固定資産処分損	4,102	3,124	
関係会社株式評価損	21,438	17,611	
④税引前当期純利益	**440,496**	**455,836**	**特別な事情を反映した利益**
法人税、事業税ほか	124,819	155,581	
⑤当期純利益	**315,677**	**300,255**	**最終利益**

あるが、明確に区分することが困難な費用の製造間接費に分類し、より詳細な原価分析をする際に用いる。

(1)　変動費と固定費による分類

原価における「変動費と固定費」の違いを以下に示す。

表 4.3　貸借対照表

2024 年 3 月 31 日(単位：百万円)

	資産		負債		
資本で築いた資産	・流動資産	3,650,081	・流動負債	1,531,400	他人の資本
	現金預金	450,129	買掛金	361,313	
	受取手形	493,205	短期借入金など	1,170,087	
	売掛金ほか	2,687,097	・固定負債	2,478,559	
	商品	19,650	長期借入金など	2,748,559	
	・固定資産	2,883,640	純資産		自己の資本
	土地など	84,809	・株主資本	2,278,281	
	建物など	883,096	資本金など	2,278,281	
	機械など	25,070	・利益余剰金	245,481	
	その他	1,890,665	繰越利益余剰金	245,481	
資産の合計	合計		合計		資本の合計
		6,533,721		6,533,721	

《変動費と固定費》

① **変動費**：生産量の増減に応じて比例的に増減する原価

(例)原材料費、仕入部品代、パートタイム労働賃金、外注費、販売手数料など

② **固定費**：生産量の増減にかかわらず、その発生が変化しない原価

(例)人件費、減価償却費※1、地代・家賃、水道光熱費、リース料など

※1減価償却費

事業などの業務に用いられる建物、建物附属設備、機械装置、器具備品、車両運搬具などの資産を、取得した時に全額必要経費にせず、その資産の使用可能期間の全期間にわたり分割して必要経費として処理する費用

収益と要した費用を縦軸、売上高を横軸にして、売上線と費用線を表したのが、「図 4.2　利益図表」(p.56)である。売上と要した費用が交わる点を損益分岐点と言い、利益も損失もない状態を示す。

会社では、製品づくりやサービスの提供を行わなくても固定費が発生している。経営者は、損失を発生させない最低限の売上高となる損益分岐点を把握し、そこから目標とする利益を基に売上高を定めて、仕入れ、人員配置、販売に至

表 4.4　キャッシュフロー計算書

（単位：百万円）

	前期 自 2022 年 4 月 1 日 至 2023 年 3 月 31 日	当期 自 2023 年 4 月 1 日 至 2024 年 3 月 31 日
Ⅰ　営業活動によるキャッシュ・フロー		
税引前当期純利益	440,496	455,834
減価償却費など	113,464	117,204
営業外収益、費用など	−9,360	−12,663
特別利益、特別損失など	−15,515	28,288
営業活動における資産、負債の増減額など	−190,434	−179,932
受取利息、支払利息、配当金の受領など	5,392	5,218
法人税などの支払額	−113,745	−111,655
小計	**230,298**	**302,294**
Ⅱ　投資活動によるキャッシュ・フロー		
有形固定資産の増減	−478,622	−343,378
有価証券の増減	−16,645	34,717
その他	−9,914	−1,758
小計	**−505,181**	**−310,419**
Ⅲ　財務活動によるキャッシュ・フロー		
短期借入金の増減	−23,372	935
長期借入金の増減	231,906	35,794
配当金の支払いなど	78,918	60,670
小計	**287,452**	**97,399**
Ⅳ　現預金残高の増減など	**19,903**	**93,418**
Ⅴ　期首現預金残高（4 月 1 日現在）	**326,250**	**346,153**
Ⅵ　期末現預金残高（3 月 31 日現在）	**346,153**	**439,571**

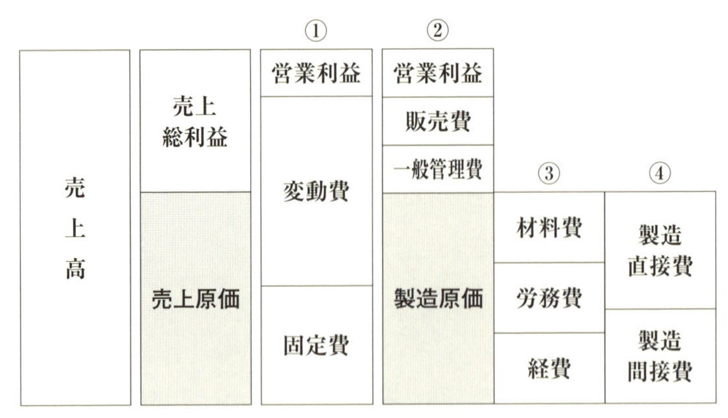

図 4.1　原価の構成

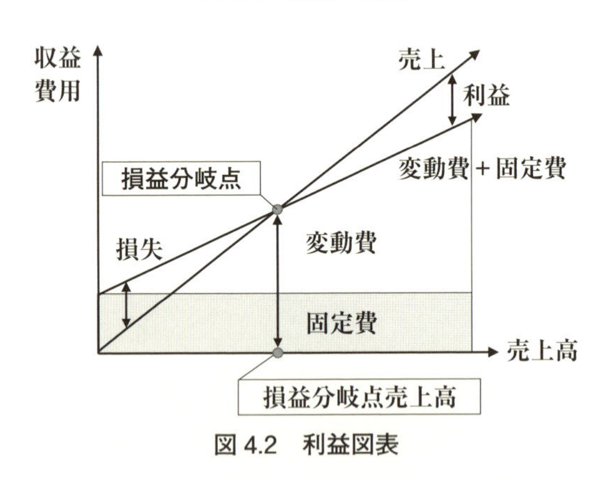

図 4.2　利益図表

るまでのさまざまな条件を導いていく。

利益を増やすには、売上高の増加、または変動費や固定費の削減が必要である。経営者は市場動向や同業他社との対比を基に、利益計画を立案し経営にあたっている。

(2)　費用の発生する部門での分類

原価における「製造原価、一般管理費、販売費」の違いを下記に示す。

《製造原価、一般管理費、販売費》

①　**製造原価**：材料を仕入れ加工するなどして製品を製造する際に要した

費用
② **一般管理費**：本社部門人件費、福利厚生費など会社を運営管理する際に要した費用
③ **販売費**：営業部門人件費、広告宣伝費など販売する際に要した費用

製造原価の求め方は、見込生産や受注生産などの生産形態によって異なる。表4.5にそれぞれの特徴を示す。単一製品を大量に製造する見込生産の場合は、要した費用の総額を生産した個数で除して求める。また、個別に製造する受注生産は、その都度生産する製品が相違するので、製造に要した原価を積算して求めることになる。

(3) 製造原価の費用の構成要素による分類

製造原価を発生形態別に分類した3費目、「材料費、労務費、経費」の違いを下記に示す。

《3費目(材料費、労務費、経費)》

① **材料費**：製品を製造する際に必要となる資材を、調達する際に要した費用
② **労務費**：調達した資材を加工や成型する際に、携わった従業員の労働作業に要した費用
③ **経費**：製造原価から、材料費と労務費を除いたすべての費用。外注加工費、特許使用料、貸借料、保険料、電気料、水道料、複利厚生費、通信費など

表4.5　総合原価計算と個別原価計算

対比分類＼計算種別	総合原価計算	個別原価計算
生産形態	見込生産	受注生産
	単一の種類を連続的に生産する。	注文に応じて様式、規格などを定めて個別に生産する。
算出方法	生産に要した原価から、**製品あたりの原価を計算**する。	生産した個別製品の**製造に要した原価を集計**する。
主な業種	自動車、化学工業、製糸業など	建設業、造船業など

製造原価を分類する目的は、製品の製造に要したコストを細分化することで“コストの見える化”を図ることである。製品あたりの材料費と労務費の割合や、個別の部品が材料費に占める割合、１つの工程が労務費に占める割合などに着目してコストを分析する。従来製品や他社製品との対比が明確に把握できるようになる。

表 4.6 に材料費、労務費、経費の分類を示す。また、表 4.7 に３費目の分類例を示す。

(4)　個別の製品にかかる費用を特定できるかどうかの分類

製造原価を表 4.8 に示すように、製造直接費と製造間接費に分類する。

① **製造直接費**：製品を製造する際に発生したことが明確にわかる費用

② **製造間接費**：製品を製造する際に発生した費用であるが、明確に区分することが困難な費用

製造する製品が同じであっても、生産する会社や工場の違いによって直接費と間接費それぞれの金額や割合が違ってくる。厳密に原価を分析するには、直

表 4.6　費用の３費目分類

	３費目	主な項目
製造原価	材料費	原料費、買入部品費、燃料費、工場消耗品費、消費工具器具備品費
	労務費	賃金、従業員賞与手当、製造員に関わる複利費
	経費	外注費、福利厚生費、減価償却費、賃借料、修繕料、電力量、旅費交通費

表 4.7　３費目の分類例

（円）

項　目	仕　様		数量	単位	単　価	金　額
材料費	鉄筋	D16 ミリ	5	トン	80,000	400,000
労務費	鉄筋組立	D16 ミリ	5	トン	60,000	300,000
小　計						700,000
経　費	700,000 × 10%		1	式		70,000
合　計						770,000

表 4.8 直接、間接の分類

製造原価	材料費	製造直接費	直接材料費
			直接労務費
	労務費		直接経費
		製造間接費	間接材料費
	経費		間接労務費
			間接経費

表 4.9 製造直接費と製造間接費の分類

		3費目	主な項目	参考事例(車輌生産)
製造原価	製造直接費	直接材料費	原材料、素材費など	ボディ鋼板、エンジン部品、タイヤ、シート、ハンドルなど
		直接労務費	生産に直接かかわる労務費	生産従事者の賃金
		直接経費	材料費や労務費以外の費用で、間接経費を除く費用	外注費、特許費など
	製造間接費	間接材料費	生産に用いる消耗品費など	グリス、ボルト、ナット、ビスなど
		間接労務費	生産に間接的にかかわる労務費	修繕者、品質管理者、生産技術者などの賃金
		間接経費	材料費や労務費以外の費用で、直接経費を除く費用	電気、ガス、水道、保険料、賃借料、交通費など

接費と間接費に区分する必要があり、区分することで正確な原価の比較が可能になる。表 4.9 に、製造直接費と製造間接費の分類例を示す。直接材料費においては、原材料の調達先や調達方法の違いから生ずる購入費用の検証ができ、直接労務費の場合は、生産設備の仕様や規模、人員や手順の違いなどから発生している生産従事者に用した費用の検証が可能になる。

4.4 利益の創出

4.4.1 原価管理(Cost management)

1960 年頃までの日本では、原価管理の中心は生産段階が主であった。1963 年にトヨタ自動車が、部門における原価管理の 3 本柱として原価企画、原価維持、原価改善を位置づけ、開発・設計段階に原価管理の焦点をあてたことから原価管理の取り組み方が変わってきた。従来の原価管理手法と原価企画との主な相違点は、今ある原価を管理する手法から、「どのような原価を作り込むか」という“創造する原価”が対象になったことである。

製造原価に大きな影響を与える製品の仕様が、原価企画の段階で定まるので使用する材料、部品や部材などの選定にあたっては十分な原価の検討が求められる。生産段階では、材料費が概ね決定されており、主な改善対象となるのは労務費となる場合が多い。

⑴　原価企画（Target costing）

原価企画とは、新製品の開発・設計段階において、目標利益を獲得するための目標原価を作り込む活動である。

⑵　原価維持（Cost control）

原価維持とは、製品の量産段階において、原価企画で設定した目標原価の標準化に取り組むため、標準原価を設定し、実際原価を標準原価に近づける活動である。

標準原価とは、経済的根拠によって算出された標準消費量に、設定した正常価格を乗じて算出した原価のことである。実際原価とは、製品の生産時に発生した実際の消費量に、実際の価格を乗じて算定した原価である。

⑶　原価改善（Kaizen costing）

原価改善とは、製品の量産段階において、材料のロスを低減する取組みや作業時間を短縮する改善、仕事のやり方などを工夫することによって設計変更を提案するなど、原価維持で設定した標準原価をさらに引き下げる活動である。

原価改善の成果は、直ちに標準化され、原価維持に組み込む。

4.4.2　技術者に求められる原価意識

技術者は取引先から見積もりを出された場合、その内訳を照査し金額の妥当性を適正に判断する必要がある。この能力は簡単に身に付かないので、日頃からモノの値段を意識する必要がある。原価に反映される、素材（ステンレス、アルミ、鉄）、形状（厚み、曲げ加工回数）、接合方法（溶接、接着）穴あけ（プレス、切削）などを考慮して値段を見積る習慣をつける。

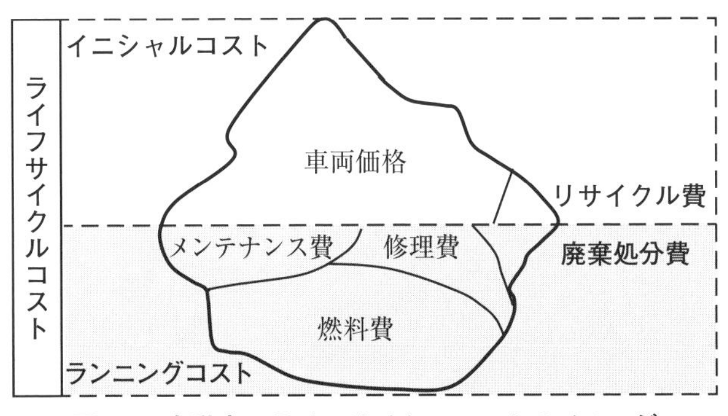

図 4.3　自動車のライフサイクルコストのイメージ

提出された見積りに対しても分析し、見積金額が高ければ値下げを要求するが、その根拠を提示する必要がある。やみくもに値引きを要求すると下請法に抵触するとともに、“買いたたき”と評され、取引先や社会から信用を失うことにつながる。

4.4.3　ライフサイクルコスト

顧客が製品を購入する際の判断基準になるものの1つに、図 4.3 に示すライフサイクルコストがある。これは、商品を購入する際に負担する、すでに見えている費用のイニシャルコストだけでなく、将来顧客が負担する維持費から廃棄処分費までの、見えていない費用のランニングコストを含めたものである。製品開発では、高価な原材料を用いることでメンテナンス費用を安く抑える場合や、安価な原材料を用いてイニシャルコストを安く設定するなど、顧客が求める価値を定めて多岐にわたる検討を行っている。

また、持続可能な社会を構築する観点では、使い終えた製品のリサイクルが容易に行える構造であることや、廃棄する際の環境負荷が可能な限り低負荷な原材料を選定することなどがある。

4.5　原価に影響を及ぼす経済動向

4.5.1　金融

会社では事業の拡大や先行投資などの目的で資金を調達する。その調達方法は2種類あり、会社が株式や債券などを直接発行し、購入者から資金を調達す

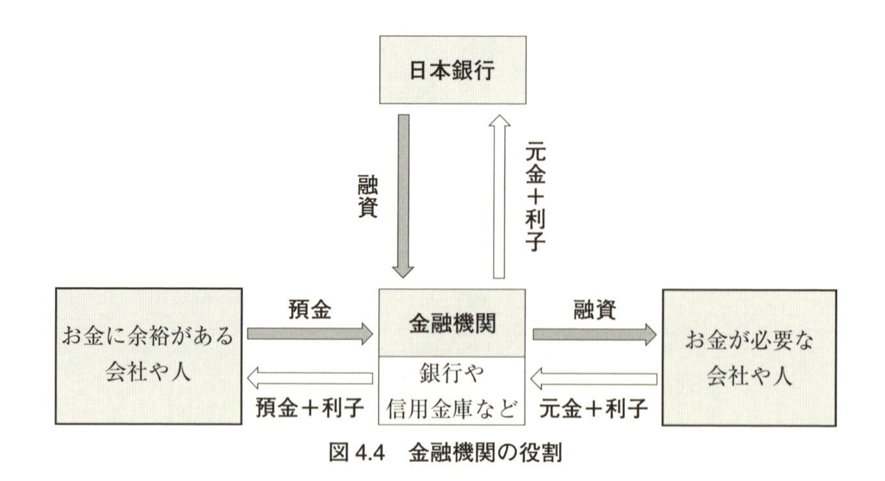

図 4.4　金融機関の役割

る直接金融と、図 4.4 に示すように銀行などからお金を借りて、資金を調達する間接金融である。銀行などから借入れた資金は、貸借対照表の資本欄で流動負債に計上される。

市中銀行などの「金融機関」は、お金に余裕のある者から利子を支払うことを条件に預金を集める。集めた預金を資金が必要な会社や人に融資し利子を得ている（図 4.4）。

4.5.2　為替

会社の収益に影響を及ぼすものとして為替相場がある。日本銀行ホームページでは、以下のように為替相場について説明している。「為替相場（為替レート）は、外国為替市場において異なる通貨が交換（売買）される際の交換比率です。（中略）誰かが一方的、恣意的に決めるわけではなく、市場における需要と供給のバランスによって決まります。これは、物やサービスの価格が決まるのと同じ原理です」。[7]

輸出産業の代表的な会社であるトヨタ自動車が為替相場の変動によって受ける影響は、2023 年度の見込みで、対ドル相場が 1 円、円安になるだけで営業利益が約 450 億円増益となる見込みである。為替相場の変動は、会社の収益に多大な影響を及ぼすため、日頃から市場の動向に注意を要する。

4.5.3　日本の産業と世界経済

関税を撤廃し、貿易を自由に行おうとする自由貿易協定(Free Trade Agreement：FTA)が多くの国々で締結されている。また、さまざまな分野での協力と、幅広い経済関係の強化を目指した経済連携協定(Economic Partnership Agreement：EPA)を目指した動きも活発化している。図4.5はEPAとFTA

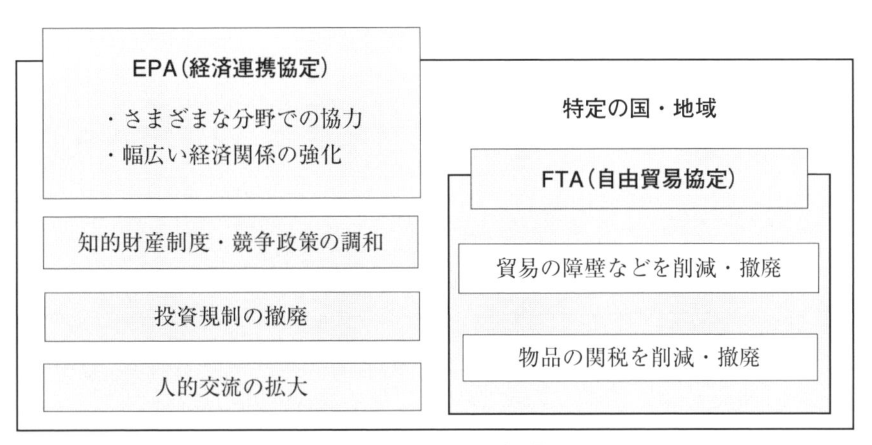

図4.5　EPA・FTA相関図

人口比率	世界の約29%			約7%	約6%
GDP比率	世界の約30%			約26%	約27%
名　称	RCEP(15カ国)			日EU	日米
種　別	EPA：東南アジア地域			EPA	FTA
日本と経済連携している国	中国 韓国 カンボジア ラオス タイ ミャンマー フィリピン インドネシア	オーストラリア ニュージーランド ブルネイ ベトナム マレーシア シンガポール	カナダ メキシコ ペルー チリ	EU	米国
種　別		EPA：環太平洋地域			
名　称		TPP11(11カ国)			
GDP比率		世界の約12%			
人口比率		世界の約7%			

図4.6　日本における経済連携協定の状況

の関連性、図 4.6（p.63）は日本が各国と締結している協定の現状をそれぞれ表している。

日本は、「環太平洋経済連携協定」（Trans-Pacific Partnership、TPP11）を、2018 年 3 月に署名したのに続き 2020 年 11 月に「東アジア地域包括的経済連携」（Regional Comprehensive Economic Partnership、RCEP）を締結した。

第 4 章の参考文献

[1]　鈴木爽一：『原価管理七つ道具（改訂版）』、泉文堂、1999 年
[2]　佐藤正雄：『原価管理会計　管理会計の手ほどき』、同文舘出版、2004 年
[3]　西村明 編著、大下丈平 編著：『ベーシック管理会計』、中央経済社、2007 年
[4]　松林光男・渡部弘 編著：『イラスト図解工場のしくみ』、日本実業出版社、2004 年
[5]　国税庁ホームページ：「No.2100　減価償却のあらまし」、https://www.nta.go.jp/taxes/shiraberu/taxanswer/shotoku/2100.htm
[6]　総務省統計局：「世界の統計 2022」、https://www.stat.go.jp/data/sekai/pdf/2022al.pdf（2022 年 11 月 8 日アクセス）
[7]　日本銀行ホームページ：https://www.boj.or.jp/announcements/education/oshiete/intl/g17.htm/（2020 年 12 月 17 日アクセス）
[8]　外務省：「我が国の経済連携協定（EPA／FTA）等の取組」、2024 年 https://www.mofa.go.jp/mofaj/gaiko/fta/
[9]　企業会計審議会：「原価計算基準」、第 1 章 3 節、1962 年 http://www.ipc.hokusei.ac.jp/~z00153/cost_accounting_standards.pdf

第５章

Delivery（デリバリー）

5.1　Delivery（デリバリー）とは

Delivery は、『オックスフォード現代英英辞典　第 10 版』（オックスフォード大学出版局、2020 年）で “the act of taking goods, letters, etc.”、“the act of making a service or information available to people.” とされ、それぞれ「物品や手紙などを運ぶ行為」、「サービスや情報を人々が利用できるようにする行為」の意味になる。

本書では、「Delivery（デリバリー）」を、次のように定義して取り扱う。

> 《Delivery（デリバリー）とは》
>
> 市場の動向や顧客の要求にもとづいた製品・サービスについて、市場や顧客が必要とする種類・数量に対し、必要とする日時・場所・期間内に提供すること。

製品・サービスは、市場や顧客の要求である品質や価格・原価を満たし、会社において生産される。生産された製品・サービスが市場や顧客の要求を満たすには、「必要なとき」に「必要な数量」が提供されなければならない。つまり、製品・サービスが市場や顧客の要求を満たすには、QCD（Q：Quality、C：Cost、D：Delivery）は欠かすことはできないといえる。第５章では、製品・サービスが顧客に提供されるまで、どのような過程や活動を経ているのか、および製品・サービスを生産するための期間、計画、実施について示す。

5.2　リードタイム

5.2.1　リードタイムの定義

リードタイム（Lead Time）は、JIS 規格において、次のように定義されている。

> **リードタイム**[3]
> 発注してから納入されるまでの時間、又は素材が準備されてから完成品になるまでの時間
> **注釈1**　調達時間ともいう。

本書では、納入リードタイム、調達リードタイム、および生産リードタイムを解説する。

5.2.2　納入リードタイム

製品・サービスが発注から顧客に提供されるまでの時間を納入リードタイムとする。このとき、各過程間に運搬を行うための時間が発生する場合、運搬時間は納入リードタイムに含まれるものとする。納入リードタイムは、製品・サービスを生産するタイミングが顧客からの注文前か後の違いによって、顧客に納入されるまでの過程や時間が異なる。

製品・サービスが顧客の注文前にすでに生産が完了しているような場合を「見込生産」といい、顧客からの注文後に生産を開始するような場合を「受注生産」という。見込生産では、顧客の注文前に製品・サービスの生産が完了していることから、製品・サービスの仕様は提供側が決定している。受注生産では、顧客の注文後に製品・サービスの生産を開始するため、製品・サービスの仕様は顧客側が決定する。

図5.1に納入リードタイムの例を示す。図の主な内容は以下の①～③のとおりである。

①　**見込生産**：製品・サービスが生産され、物流センター（図5.1では物流Cと表記）や小売店に在庫がある場合

②　**見込＋受注生産**：見込生産で、製品・サービスのうち標準的な部分を生産し、受注生産によってカスタマイズ部分を生産し、組み合せるような場合

③　**受注生産**：顧客が製品・サービスの発注を行ったあとに、一から製品・サービスを生産する場合

すべての製品・サービスの納入リードタイムが図5.1の例にあてはまるとは限らない。例えば、受注生産であっても橋、建物などは別の過程を経ており、見込生産においても通信販売のように小売店がなく、工場から顧客へ配送される場合もある。

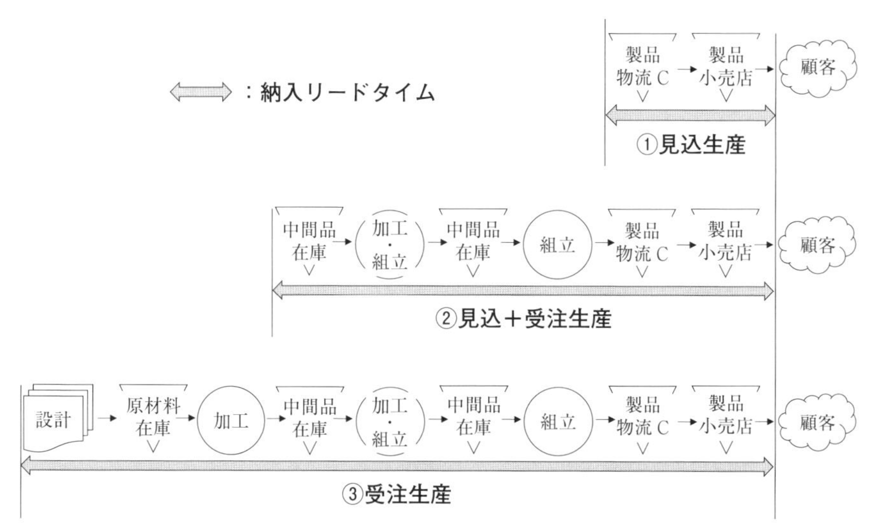

図 5.1　納入リードタイムの例

5.2.3　調達リードタイム

製品・サービスを生産するために必要な資材や部品、および品種や数量を他の会社に発注し、納入が終了するまでの時間を調達リードタイムという。これには、提供側が調達、加工、および検査するために要する時間なども含んでいる。図 5.2 に調達リードタイムの例を示す。

調達リードタイムを広く捉えると、発注側が提供側の会社を選ぶこと(仕入先選定)、どのような資材や部品が必要になるのか決定することなども含む。

5.2.4　生産リードタイム

調達した資材や部品から生産に関する工程を経て、出荷するまでに要する時間を生産リードタイムという。図 5.3 に生産リードタイムの例を示す。生産活動において、加工、組立、検査といった工程で要する時間、さらに加工後に次の加工を待っている在庫(工程間の仕掛在庫を含む)の保管時間まで、発生するすべての時間を含む。

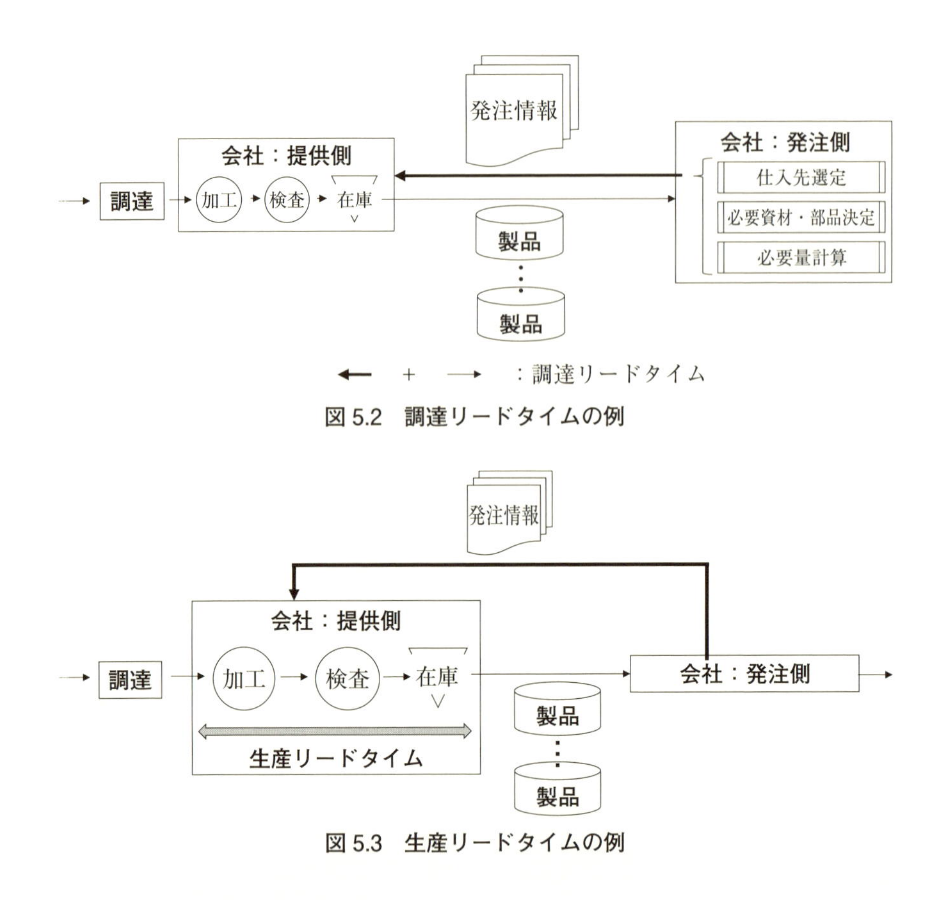

図5.2　調達リードタイムの例

図5.3　生産リードタイムの例

5.3　納期の管理

「市場の動向や顧客の要求にもとづいた製品・サービスについて、市場や顧客が必要とする納期・数量に対し、必要とする日時・場所・期間内に提供すること。」には、顧客が要求する製品・サービスの品質を保証したうえで、調達、生産などの過程における所要時間を正確に算出し、さらに遅延なく終了させる、すなわち、「数量」「納期」「リードタイム」の管理が必要である。そのため、作業全体について、その中に含まれる作業を計画した期間内に終了させるには、「必要な作業をすべてあげる」「各々の作業の関連性（前後関係）を明確にする」「各々の作業の開始時間、所要時間、終了時間を正確に算出する」といった日程の管理が必要になる。

表 5.1 作業一覧の例

担当者	作業	所要時間(時間)	先行作業
A	会場確保	1.0	—
A	案内作成	1.0	会場確保
A	案内送付	0.5	案内作成
A	出欠とりまとめ	0.5	案内送付
B	スライド資料の作成	4.0	会場確保
B	資料内容チェック	0.5	スライド資料の作成、資料用図表の作成
C	資料用データのチェック	1.0	会場確保
C	資料用図表の作成	4.0	資料用図表の作成
B	会議の録音	2.0	出欠とりまとめ、資料用データのチェック
C	会議記録の作成	2.5	会議の司会と録音

本項では、「アローダイアグラム(PERT：Program Evaluation and Review Technique)」と「ガントチャート(Gantt Chart)」をあげる。なお、「アローダイアグラム」「ガントチャート」を作成するためには、すべての作業の一覧が必要である。表 5.1 に会議の例を用いた一覧を示す。

5.3.1 アローダイアグラム

アローダイアグラムは、作業の前後関係をネットワーク図で表現したものである(図 5.4)。→(アロー：Arrow)は各々の作業を示し、○(ノード：Node)を作業の結合点とする。また、特定の作業を開始するとき、具体的な作業はないが、事前に終了している必要のある作業があれば、┈┈→で示す。これをダミー作業という。

(1) 個々の作業と時間の明確化

アローダイアグラムでは各々の作業の前後関係に加えて、すべての作業が終了する時間「総所要時間」を表すことができる。総所要時間が計画から遅れないためには、各々の作業はいつから開始できるのか、あるいは各々の作業をいつまでに終了させなければならないのか、といったことの明確化が必要である。そこで、作業の結合点 ○ から次の作業 → が最も早く取り掛かることができ

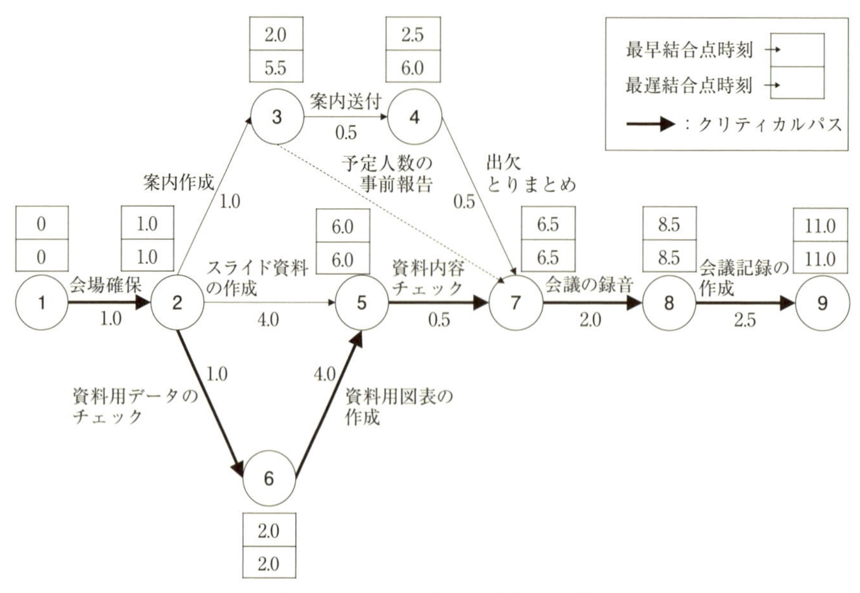

図5.4　アローダイアグラムの例

る時刻となる「最早結合点時刻」と、次の作業 → が最も遅く取り掛かることになる時刻である「最遅結合点時刻」を示す必要がある。このとき作業の結合点 ○ の付近に、上下2段の枠を設け、上段に最早結合点時刻を記入し、下段に最遅結合点時刻を記入する。

最早結合点時刻の算出は、最初の作業の結合点 ○ から、それぞれの作業の結合点 ○ において、すでに終了した作業 → の時間の和となる。このとき作業の結合点に → が複数ある場合は、最も遅い時刻を選択する。最終の作業の結合点 ○ に作業 → が接続することで最早結合時刻の記入は終了する。最も遅く接続する最早結合点時刻が、総所要時間となる。

最遅結合点時刻は、最終の作業の結合点 ○ から、矢印の逆方向に向って、総所要時間から、作業 → の逆方向に向って発生した、作業 → の和を引いた時刻となる。このとき作業の結合点 ○ の結合が複数であれば、最も早い時刻を選択する。最初の作業 → が始まる作業結合点 ○ で最遅結合点時刻の記入は終了する。

(2)　クリティカルパス

アローダイアグラムでは、すべての作業の経路において、最も一番時間が長くなる経路(最も余裕のない経路ともいう)があり、これをクリティカルパス(Critical Path)という。

クリティカルパス上の作業の終了時刻が最遅結合点時刻より遅れてしまった場合、総所要時間が長くなり、作業全体が遅くなる。そのため、クリティカルパス上の作業は、遅くならないように重点的に管理をする必要がある。クリティカルパスは、他の → より太くして表示する。「表 5.1　作業一覧の例」(p.69)を用いたアローダイアグラムを図 5.4 に示す。

5.3.2　ガントチャート

ガントチャートにより、各作業の開始時刻、終了時刻、順序を明確化できる。各々の作業の所要時間はバーチャート(あるいは表形式)で表示し、総所要時間も表すことができる。そのため、ガントチャートは、各々の作業について、進捗や計画と実績の差異を把握する際に用いられる。

(1)　待ち時間の明確化

ガントチャートは、進捗状況を把握することができ、特に 2 つの「待ち時間」を見つけることができる。

1 つ目は「仕掛待(しかかりまち)」で、前工程で対象の作業が終了し、終了した作業の成果物を次の工程で引き続き別の作業を行う必要がある場合に、次の工程が作業中のため、この成果物が作業に取り掛かることを待っている状態である。2 つ目は「遊休」で、対象の工程が作業を開始することができる状態であるものの、行うべき作業の開始を待っている状態である。「表 5.1　作業一覧の例」(p.69)を用いたガントチャートを図 5.5 に示す。

(2)　待ち時間への対応方法

「仕掛待」「遊休」の削減は、待ち時間の削減だけでなく、総所要時間を短縮に有効な場合がある。待ち時間を削減するには、「時間の短縮」「増員」「機械の更新」「外注など処理能力の上昇」などがある。増員と増員による作業の同時進行を用いた待ち時間の短縮を行ったガントチャートの例を図 5.6 に示す。

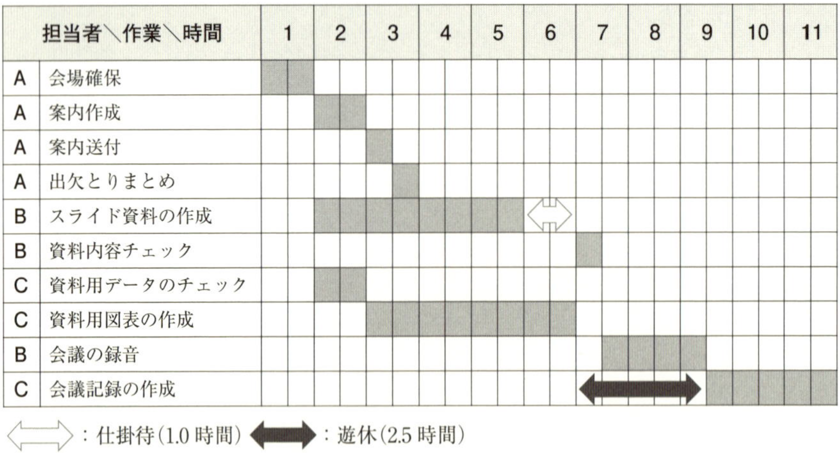

担当者＼作業＼時間		1	2	3	4	5	6	7	8	9	10	11
A	会場確保											
A	案内作成											
A	案内送付											
A	出欠とりまとめ											
B	スライド資料の作成											
B	資料内容チェック											
C	資料用データのチェック											
C	資料用図表の作成											
B	会議の録音											
C	会議記録の作成											

：仕掛待（1.0時間）　：遊休（2.5時間）

図5.5　ガントチャートおよび待ち時間の例

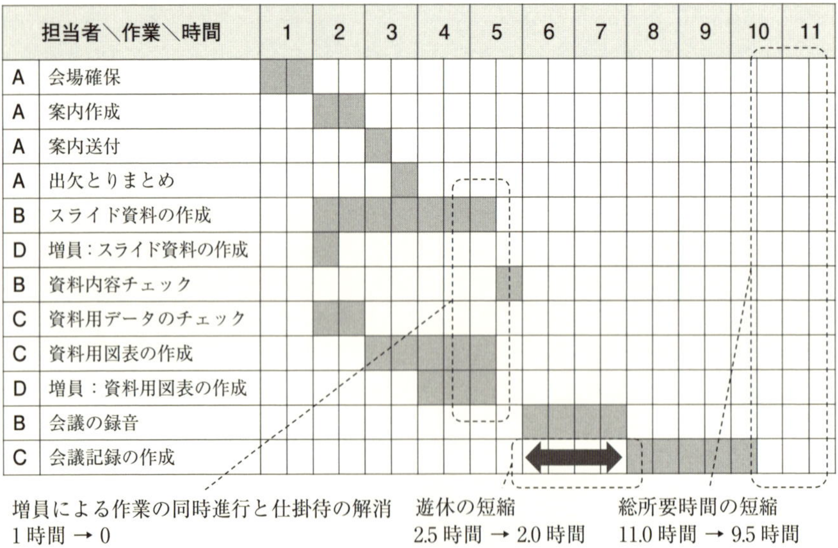

担当者＼作業＼時間		1	2	3	4	5	6	7	8	9	10	11
A	会場確保											
A	案内作成											
A	案内送付											
A	出欠とりまとめ											
B	スライド資料の作成											
D	増員：スライド資料の作成											
B	資料内容チェック											
C	資料用データのチェック											
C	資料用図表の作成											
D	増員：資料用図表の作成											
B	会議の録音											
C	会議記録の作成											

増員による作業の同時進行と仕掛待の解消
1時間 → 0

遊休の短縮
2.5時間 → 2.0時間

総所要時間の短縮
11.0時間 → 9.5時間

図5.6　待ち時間を解消、短縮したガントチャートの例

5.4　サプライチェーンマネジメント

5.4.1　サプライチェーンとサプライチェーンマネジメント

(1)　サプライチェーン

市場や顧客の複雑化、多様化に対応するため、製品・サービスを提供する会社は、製品･サービスが顧客に届くまでの過程を一連の活動として捉えている。言い換えると、製品・サービスの設計から販売まで、自社だけでなく、他社も含めたすべての過程を供給の連鎖として捉えている。この供給の連鎖を「サプライチェーン(Supply Chain)」と呼ぶ。

サプライチェーンは、会社間および会社内での調達、生産、および会社間の販売といった過程も含み、物的な供給の過程が繋がっている。これらの過程においては、ネットワークを利用して、会社はさまざまな情報をやりとりしている。ネットワークについて、会社間ではインターネットを利用し、会社内ではインターネットの他に、情報の重要度に応じてイントラネット(社内専用情報ネットワーク)を利用している。ネットワーク上では、さまざまな情報(社外：見積書の情報、納品書の情報など、社内：顧客情報、価格情報など)をやりとりしている。サプライチェーンの概要を図 5.7 に示す。

さらにサプライチェーンは、会社間、会社内だけでなく、個人に届くまでの活動ともいえる。例えば、自動車やパソコンといった製品が顧客に提供される

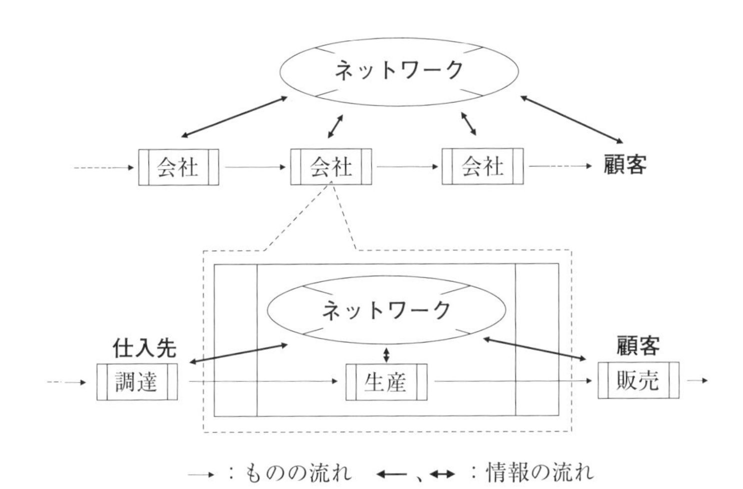

図 5.7　サプライチェーンの概要

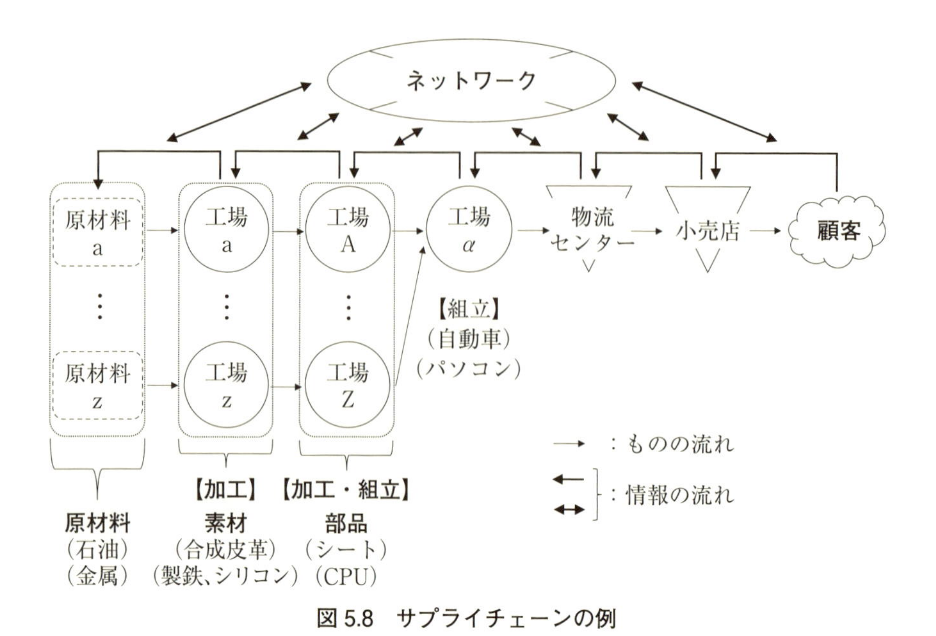

図5.8　サプライチェーンの例

までには、原材料の加工、部品の加工、部品や中間品の組立、物流センターでの保管、小売店での販売などの過程を経ている。図5.8にサプライチェーンの例を示す。

(2)　サプライチェーンマネジメント

サプライチェーンの管理は「サプライチェーンマネジメント（SCM：Supply Chain Management）」と呼ばれている。JIS規格において、次のように定義されている。

サプライチェーンマネジメント[4]

資材供給から生産、流通、販売に至る物またはサービスの供給連鎖をネットワークで結び、販売情報、需要情報などを部門間または企業間でリアルタイムに共有することによって、経営業務全体のスピードおよび効率を高めながら顧客満足を実現する経営コンセプト[4]。

5.4.2　サプライチェーンマネジメントの課題と対応方法

サプライチェーンマネジメントは、製品・サービスがQCDを満たすために必要となる活動である。市場や顧客の多様化に伴い製品・サービスが多種化する現状で、図5.8のようなサプライチェーンで顧客が必要とする種類・数量を満たすには、前後の過程からの情報を取り入れる必要がある。例えば、小売店では、顧客の購買行動に関する情報をもとに、製品・サービスの仕入れ内容を決定する。また、物流センターの在庫情報から製品・サービスについて仕入れるタイミングを決定することもある。また、工場では、顧客の購買行動に関する情報をもとに、生産する種類、数量を調整することや、原材料の価格や仕入れ時期といった情報から生産する種類、数量を調整することもある。

市場の動向や顧客の要求の変化に対応するためには、リードタイムは長くなってはならず、できるだけ短くすることが求められる。つまり「時間管理」が必要となってくる。そのためサプライチェーンマネジメントでは、「リードタイムの短縮」と、「在庫に関するコストの削減」が課題となっている。これらは、Q(Quality)やC(Cost)にも関わってくる。必要以上に納入リードタイムや生産リードタイムを短くし過ぎた場合、製品・サービスが品質を満たせないことや、配送コストが高くなってしまうといったことが考えられる。情報利用においては、購買行動に関する情報を見誤り、生産過剰から在庫過多を招き、在庫のコスト高を引き起こすといったことや、原材料の情報を見誤り、製品の品質を維持できないといったことがある。

リードタイムの短縮について3つの例を示す。1つ目はサプライチェーンに参加する会社を追加する場合である。会社の追加によってサプライチェーン内の生産能力を上げて時間の短縮を行う。この例を図5.9に示す。2つ目はサプライチェーン上の会社を変更する場合である。生産能力の高い会社に変更することによって、サプライチェーン内の生産能力を上げて時間の短縮を行う。この例を図5.10に示す。3つ目は需要予測を強化する場合である。需要予測の強化によって、誤差の小さな生産を行うことで在庫を削減する。この例を図5.11に示す。

5.4.3　サプライチェーンマネジメントへの今後の展開

市場や顧客の複雑化、多様化に対応するためには、技術の進歩やサプライチェーン運営・管理の変革が求められる。そのため、情報系新技術の導入は不可

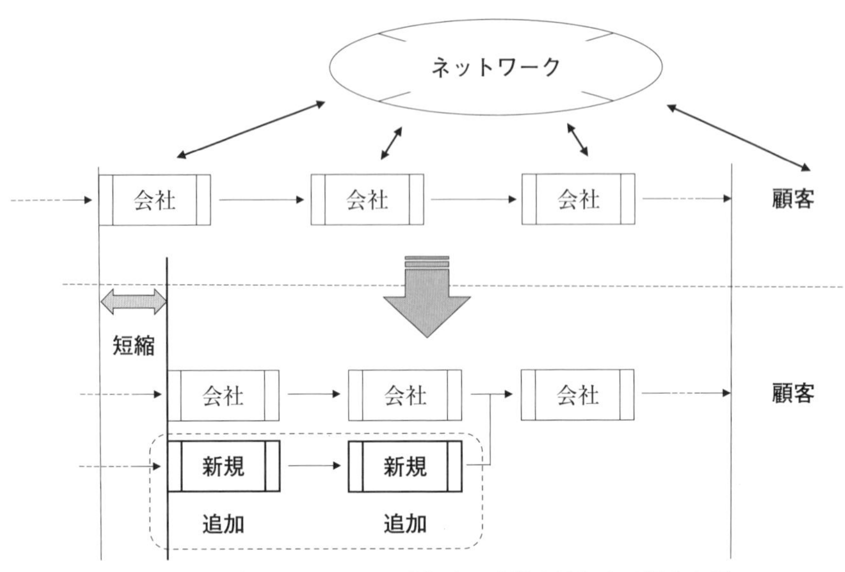

図 5.9　サプライチェーンに参加する会社を追加する場合の例

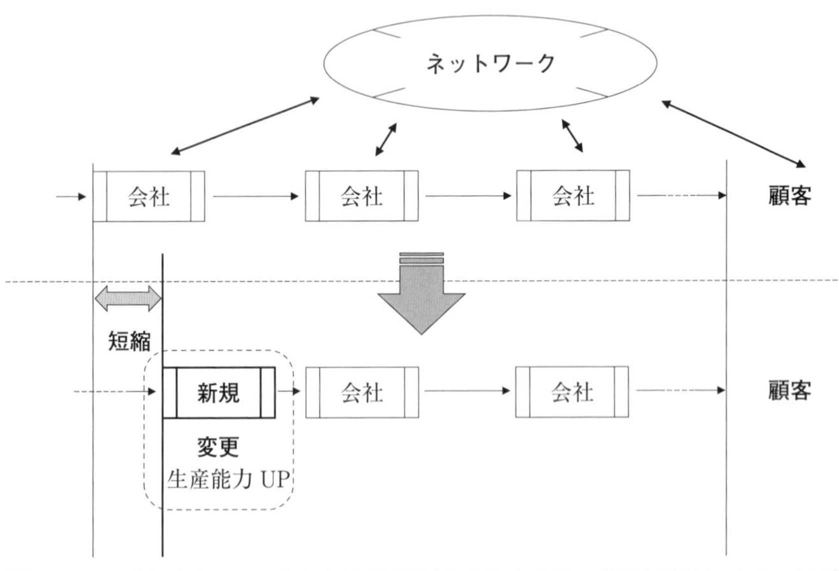

図 5.10　サプライチェーン上の会社を変更（生産能力の高い会社に変更、あるいは近い場所の会社に変更など）する場合の例

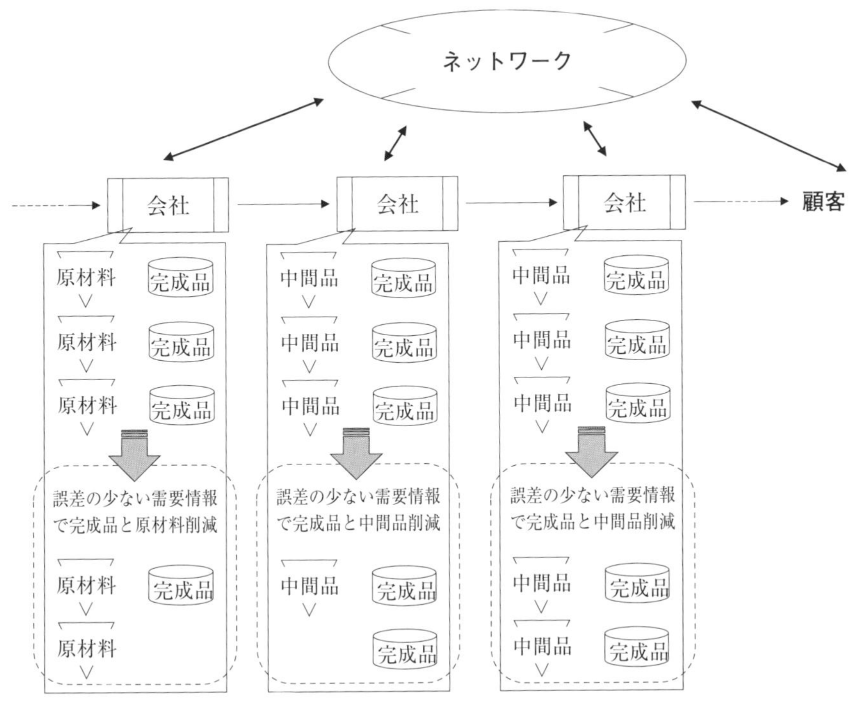

図 5.11　需要予測を強化させ、誤差の小さな需要情報によって生産を行うことで在庫を削減する場合の例

欠である。市場や顧客の複雑化や多様化に対応するため、AI によって需要予測の精度を向上させる、迅速な生産とコスト管理に対応するため工場に AI と IoT を導入して、在庫・生産調整に適用する、といった情報技術の利用があげられる。

第5章の参考文献

[1]　ショシャナ・コーエン 他：『戦略的サプライチェーンマネジメント』、尾崎正弘 他 監訳、PwC PRTM マネジメントコンサルタンツジャパン 訳、英治出版、2015 年
[2]　森田道也：『新経営学ライブラリ<別巻1>サプライチェーンの原理と経営』、新世社、2004 年
[3]　「JIS Z 8141：2022　生産管理用語」

[4]　日本経営工学会 編：『生産管理用語辞典』、日本規格協会、2002 年
[5]　日本品質管理学会 標準化委員会 編：『日本の品質を論ずるための品管理用語 Part 2』、日本規格協会、2011 年
[6]　鈴木宣二 編：『ナットク現場改善シリーズ よくわかる「新 QC 七つ道具」の本』、日刊工業新聞社、2011 年、
[7]　猪原正守：『管理者・スタッフから QC サークルまでの問題解決に役立つ 新 QC 七つ道具入門』、日科技連出版社、2009 年
[8]　村松林太郎：『新版生産管理の基礎』、p.6、国元書房、1979 年
[9]　岡村正司：『絶対に遅延しないプロジェクト進捗管理』、日経 BP 社、2010 年
[10]　中嶋秀隆：『改訂 4 版 PM プロジェクト・マネジメント』、日本能率協会マネジメントセンター、2009 年

第6章

Safety(安全)

6.1　Safety(安全)とは

6.1.1　Safety(安全)の定義

英語のSafetyは、『オックスフォード現代英英辞典　第10版』(オックスフォード大学出版局、2020年)で“the state of being safe and protected from danger or harm”とされており、「安全であり、危険や危害から保護されている状態」を意味している。

日本語の「安全」は広辞苑で「①安らかで危険のないこと。平穏無事。②物事が損傷したり，危害をうけたりする恐れがないこと」となっている。

JIS Z 8051：2015では、安全(Safety)は「許容不可能なリスクがないこと」となっている。許容可能なリスク(tolerable risk)とは、「現在の社会の価値観にもとづいて、与えられた状況下で、受け入れられるリスクのレベル」である。リスク(risk)は「危害の発生確率及びその危害の度合いの組合せ」をいう。

本書では英語の「Safety」と日本語の「安全」を同義語とみなし、次のように定義して取り扱う。

> 《Safety(安全)とは》
>
> Safety(安全)は、危険または悪い結果をもたらす可能性がないこと。
>
> 危険が生じる可能性があってもその危険を防止する対策を講じ、許容できる範囲まで低減することにより、Safety(安全)は確保できる(図6.1)。

会社が「安全」という表現を用いると、危険がないことを保証していると誤解されやすい。JIS Z 8501:2015では､「安全」の言葉を避けるべき事例として、「安全ヘルメット」「安全インピーダンス装置」「安全床材」をあげていて、それぞれ「保護ヘルメット」「保護インピーダンス」「滑りにくい床材」と言い換えることを推奨している。

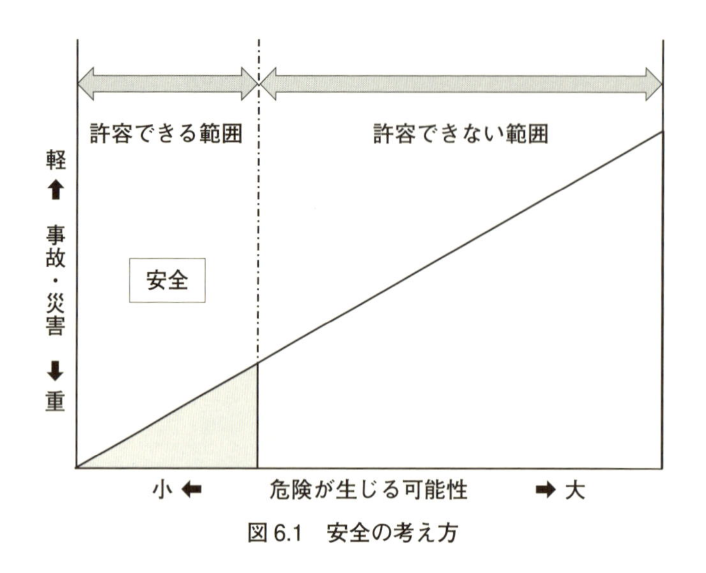

図6.1　安全の考え方

6.1.2　安全第一とは

会社の活動で重要な項目に、「品質」「原価」「デリバリー」「安全」の4項目がある。その項目に優先順位をつけた言葉が“安全第一”である。20世紀初頭の米国では、労働者たちが危険な仕事に従事し、労働災害が多発していた。このような状況を改善すべく“人間第一”の思想を掲げ、安全で働きやすい環境が品質、原価、デリバリーの維持・向上、そして事業の継続発展につながるとの考えから生まれた言葉である。

品質、原価、デリバリーが経営戦略において大切であることはいうまでもないが、すべては安全が前提条件となる。他社を圧倒する製品であっても、危険や悪い結果をもたらす可能性があれば、顧客は購入しない。また優れた製品を生み出す技術力や設備を備えた工場でも、事故や災害をもたらす職場では誰も働きたくない。ときには周辺住民に危害が加わる恐れもあり、安全管理が不十分な会社は社会から必要とされなくなる。

会社は安全第一で組織を構築し、生産工程に合致した4M（Man、Machine、Material、Method）を適切に管理しながら事業を行う必要がある。ここでいう適切とは4Mをムダ、ムリ、ムラなく活用し、ヒューマンエラー（human error）の発生を抑えることであり、管理とは作業マニュアルに即した状態を保持し、不測の事態に対応できる組織体制を整えておくことである。

6.2　安全活動と関係法令

会社に求められる安全の取組みは、大きく以下の3つに分類して考えることができ、各々に法令で守るべき事項が定められている。

① 事故・災害の防止：労働安全衛生法

② 労働環境の保全：労働基準法

③ 製品・サービスの安全：製造物責任法

以下、それぞれについて解説する。

6.3　事故・災害の防止

6.3.1　労働安全衛生法の成立

図6.2のグラフは、国内全産業における労働災害死者数の推移である。労働災害死者数が年間6,000人を超えていた1960年代は高度経済成長時代で、1964年開催の東京オリンピックに合わせた公共投資が最も盛んになっていた。

このような経済環境のもと、1972年に労働安全衛生法が施行された。この法律では、事業者の責務として安全管理体制の組織化や安全衛生に関する取組

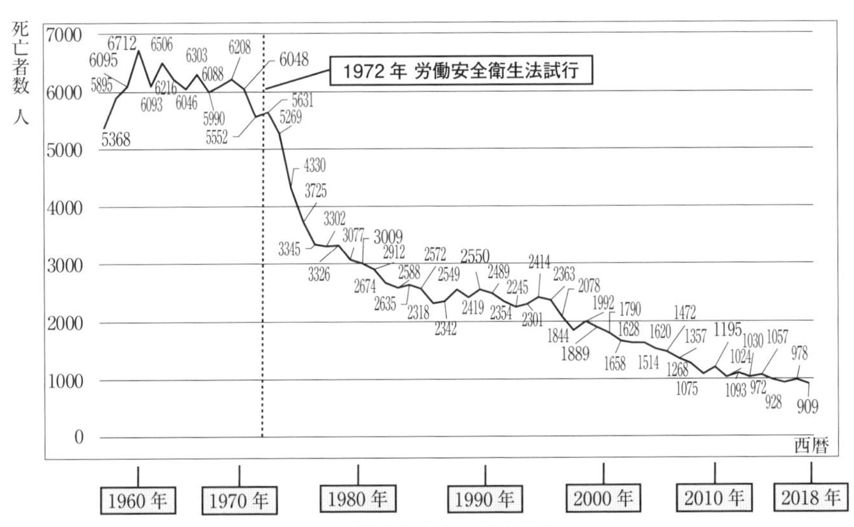

（出典）厚生労働省労働災害死亡者数の推移をもとに筆者作成

図6.2　労働災害死亡者数の推移

みなどが求められ、違反をした際の罰則も明文化された。また、労働者の義務として法令の順守と事業者の安全活動の取組みに協力するように求められている。

経済活動の停滞の影響もあったが、産業界全体が組織立って安全衛生活動に注力した結果、労働安全衛生法施行からの約 10 年間は、死者数の減少が顕著でありその後も減少傾向は続いた。しかし、近年では横ばい状況にあり、年間約 1,000 人の人命が今でも失われ、換算すると毎日 3 名が亡くなっている。

現在、国内の事業活動に伴う安全管理指針は、労働安全衛生マネジメントシステムにもとづいている。ISO 45001 労働安全衛生マネジメントシステムとは、「経営との一体化」「本質安全化への取組み」「自主的な対応の促進」を進めることにより、安全衛生水準の向上を図り労働災害の減少を目指すものである。具体的には、「事業者が労働者の協力の下に「計画（P）－実施（D）－評価（C）－改善（A）」、（中略）という一連の過程を定めて継続的な安全衛生管理を自主的に進めることにより、労働災害の防止と労働者の健康増進、さらに進んで快適な職場環境を形成し、事業場の安全衛生水準の向上を図ることを目的とした安全衛生管理の仕組み」である[7]。

6.3.2　災害事例と対策

災害を未然に防止する 1 つの手段として、過去に発生した災害から再発防止を学ぶことが有用である。災害の発生要因を多角的に分析し、その要因別に対策を検討、立案し類似の災害を防止する。以下に災害事例と要因分析の例を示す。

《災害事例》

2018 年 6 月、石川県白山市の某製紙工場で従業員 3 名が、再生紙を作るためのタンク内で硫化水素を吸い込み死亡する労働災害が発生した。再生紙を作るための円筒状タンク（直径約 4.5 m、深さ約 5 m）で、古紙や水、希硫酸、マグネシウムを混ぜて攪拌する際に異物が混入した。作業員はこの異物を除去するためにタンク内に入ったが、空気より重い硫化水素が底に溜まっていたと推測されている。

先に 2 人がタンク内に倒れ意識を失っていたが、危険を承知で助けに入った 3 人目の犠牲者はまだ 27 歳であった。この青年は事務職で 2 日前から応援で現場作業に従事した矢先のことであった。

災害の再発防止を図るには“なぜ起こったのか”を多面的に分析し、最も重要と考えられる項目に対処する必要がある。

この事例について、災害の発生原因と対策案を表6.1に示す。原因となる項目を4つの要因種別(人的要因、設備的要因、作業的要因、管理的要因)に分類し、それぞれの主な原因項目の中から、今回の災害が発生したと考えられる原

表6.1　災害発生の要因分析と対策案

要因種別	主な原因項目	災害の発生原因	対策案
人間的要因	作業者の心理的要因 (無意識行動、錯覚)	慌てている。	緊急時の対応マニュアルを掲示し、対処方法を定めておく。
	作業者の生理的要因 (疲労、睡眠不足)	危険を感じていない。	作業開始前のKY活動を実施し、危険ポイントを把握する。
	職場の要因 (人間関係、チームワーク)	未経験者を導く上位者が不在	教育係員を定めて指導する。
設備的要因	点検整備不足 危険防護の不良	送気マスクがない。	タラップ入り口を閉鎖し、送気マスクを備置しておく。
	本質安全化の不足 設計上の欠陥	換気設備がない。	ピット底面に排気装置を設け、常時可動させておく。
	人間工学的配慮の不足	硫化水素濃度計測器がない。	硫化水素濃度計を設置し、濃度を目視できる状態で維持する。
作業的要因	作業情報の不適切 (指示、連絡などの内容) 作業空間の不良	タンク内の安全を確認していない。	タラップ入り口に硫化水素濃度計を設置し、目視で確認可能とする。
	作業方法の不適切 作業姿勢、作業動作の欠陥	緊急事態の指示や行動ができていない。	第1報を入れ、作業主任者が緊急時対応マニュアルにもとづき指示に出す。
管理的要因	管理組織の欠陥	タンク内への立入り規制がない。	タンク内への立入りを禁止し許可制とする。 送気マスク使用者のみタラップを使用をすることができる。
	マニュアル類の不備、不徹底	異物除去のマニュアルがない。	異物除去のマニュアルを整備する。
	教育、訓練の不足 安全管理計画の不良 部下に対する監督・指導の不足	酸素欠乏・硫化水素危険作業資格を持たない。	作業員は酸素欠乏・硫化水素危険作業特別教育を受講したものに限定する。
	適正配置の不良	作業主任者を配置していない。	酸素欠乏・硫化水素危険作業主任者を選任する。

因をあげていく。次に、この原因に対する対策案を具体的にあげていき対策を講ずる。この事例で考えると重大で、災害発生を抑止する可能性が高いと思われる対策は、作業者全員が「酸素欠乏・硫化水素危険作業特別教育」を受講していることである。どのような状況に置かれても、タンク内が酸欠などで危険だという認識があれば、無防備な状態でタンク内に立ち入ることはなかっただろう。

6.3.3　事故、災害による4つの責任

事業活動に伴いシステムの誤作動や人的ミスなどによって、事故や災害が発生することがある。発生した「事故や災害発生の影響」を表6.2に、「事故や災害発生に伴う4つの責任」を表6.3に示す。

会社には“事業者責任”が生ずる。これは事業者が果たすべき法令で定められた責任のことをいう。会社が継続した事業活動を行うには、労働災害の発生を防止する施策を万全にしなければならない。災害の発生は、大切な社員やその家族、そして会社やその職場など、それぞれに影響を与え事業活動に支障をおよぼす。

表6.2　事故や災害発生の影響

当事者	与える影響
本　人	・死亡　・後遺障害　・身体の苦痛　・精神的な苦痛
家　族	・心配、悲しみ、不安感　・生活の困窮
職　場	・労働力の損失　・士気の低下　・工程の遅延、手戻り
会　社	・被災者への損害賠償　・法的責任 ・企業の信用低下　・取引先の減少

表6.3　事故や災害発生に伴う4つの責任

責任分類	事業者責任と事象
刑事責任	・労働基準法、労働安全衛生法、刑法などの司法処分
行政責任	・許認可取消し、営業停止、指名停止、指示処分
民事責任	・損害賠償
社会的責任	・マスコミ報道　・不買運動

6.3.4　ハインリッヒの法則と安全への取組み

研究活動や生産工程では多様な資材や原料を機械や試験機を用いて調合、製作を行う。この際、手順の間違いや思い込みで作業を行ってしまうと、大きな労働災害につながる恐れがある。労働災害とは、労働者の業務上の負傷、疾病、傷害、死亡のことをいい、爆発、衝突、破損などが生じても身体に影響を及ぼさない場合は事故という。毎日の業務では、取り扱うものの特質を把握しそれに応じた適切な扱いを全員が行わないと安全性は損なわれる。ヒューマンエラーといわれる思い込みや勘違いは防ぐ必要がある。ただし、実際には不安全な状況が直ちに事故や災害につながる訳ではない。

私たちの生活においても、交差点での飛び出しや段差によるつまずき、ながらスマートフォンによる他者との接触などで、ヒヤリとしたり、ハッとした体験を誰もが経験しているだろう。作業中にヒヤリとしたり、ハッとした体験や事象のことをヒヤリハットという。この場合、必ずしも事故や災害につながるとは限らない。労働災害の発生率を統計的に表した言葉に図 6.3 に示す「ハインリッヒの法則」という考え方がある。「1 件の重大災害があったとすると、軽傷災害が 29 件、無傷事故が 300 件起きている」というものである。また、300 件の無傷事故が発生する背後には、無傷で事故も発生していないが数千の不安全行動や不安全状態があることを指摘しており、この数千の不安全な行動や状態を低減することが 1 件の重大災害の発生をきわめて低くすることにつながっていくと考えられている。

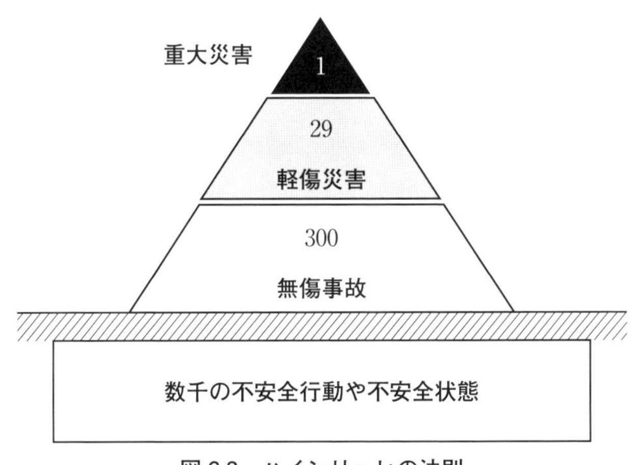

図 6.3　ハインリッヒの法則

表 6.4　安全委員会の概要[8]

安全委員会（毎月 1 回以上開催）	
設置義務	・常時 50 人（業種により 100 人）以上の労働者を常時使用する事業場
構成員	・事業所の責任者・指名された安全管理者 ・指名された労働者（安全に関する経験者）
調査審議すべき事項	
役割	・次の事項について事業者に意見を述べる。
⑴　労働者の危険を防止するための基本となるべき対策に関すること	
⑵　労働災害の原因および再発防止策で、安全にかかわるものに関すること	
⑶　上に掲げるもののほか、労働者の危険の防止に関する重要事項	

労働安全衛生法では、安全委員会の設置が定められている（表 6.4）。

安全委員会は、職場全体で取り組む安全活動組織であり、指名された委員会構成員が、業務中の不安全な事象を集約して安全委員会に持ち寄り調査審議する。安全委員会では要因分析を行い対策を定め、社内に周知し全員で安全活動に取り組んでいる。また、年度初めには昨年度の反省点を改善し、安全に関する活動を「安全衛生計画書」にとりまとめ安全活動の取組みをルーチン化している。その活動は毎年、毎月、毎週、毎日実施されるもので構成され、PDCA を回しながら改善を図っている。

6.3.5　日々の安全活動

職場ごとに、取り組む安全活動に「危険予知訓練」がある。KYT と表し“危険・予知・訓練（トレーニング）”の読みをアルファベットにしたもので、文字通り危険を予知する訓練である。この活動は、グループ全員が参加し危険に関する情報を出し合い、危険を回避する手段を共有化することで災害の発生を未然に防止するものだ。

この訓練を通して、危険な作業を認識し対策を講じることができるので、災害の発生を抑制する効果は大きい。この活動で大切なことは、参加者全員が過去に体験したヒヤリハットを、仮に小さなものであっても全員で出し合うことで、危険因子を見逃さないことが重要だ。

持ち場の環境を適性に保持する活動に、全員参加で実施する「4S 活動」がある。表 6.5 に示すように 4S は「整理、整頓、清掃、清潔」の頭文字をとったものである。4S 活動は、持ち場で適宜行われており、持ち場は常に整然と

表 6.5　4S 活動

4S	意味
整理	要るものと要らないものを区別して、要らないものを処分する。
整頓	要るものを所定の位置に表示して置く。
清掃	きれいな状態に掃除をする。
清潔	誰が見ても使っても不快感を与えない状態で、常にきれいにしておく。

した状態が維持されることになる。作業通路、危険区域、資材ヤードなどの区画が明示されており、必要なものはいつでも所定の場所に整備された状態で保管されている状態である。このような環境では仕事を計画どおり進めることができ、不測の事態も起こりにくい。

6.4　労働環境の保全

労働基準法は、使用者が労働者を使用する場合において、最低限必要な労働条件の最低基準を定めた法律で、労使間の労働契約、賃金、労働時間、就業規則などを定めており、主なものを表 6.6 に示す。

近年労働者の長時間労働によって社員の健康が害される事例や、サービス残業、有給休暇の未取得など、労働者の権利が害されている事例が露呈し社会問題化している。このような背景から、新たに時間外労働の上限規制や、年 5 日の年次有給休暇の確実な取得、月 60 時間超の時間外労働に対する割増賃金率の引き上げなどを定めた、働き方改革関連法が 2019 年 4 月に施行された。働き方改革関連法とは労働基準法と、労働安全衛生法、労働時間等設定改善法、じん肺法、パートタイム労働法、労働者派遣法、労働契約法、雇用対策法である。

次に労働安全衛生法で定められている「衛生委員会」の概要を表 6.7 に示す。

衛生委員会は労働者の健康障害の防止や、健康の保持増進を図ることなどを目的としている。実際に就労している職場で取り上げている事例は、健康診断の実施状況、メンタルチェック、就労時間管理、社内におけるパワハラ、セクハラなどなど多岐にわたる。2020 年に流行した新型コロナウイルス感染症に伴う対応も衛生管理項目であり、罹患させない働き方の検討やテレワークの導入の具現化、また時差通勤実現に向けての対策など実施し、状況に応じて日々

表 6.6　労働基準法における事業主責任

事業主責任のポイント
①　労働条件の書面による明示、など
②　就業規則の作成、届け出、周知など
③　労働時間、休憩・休日、36 条協定の締結など
④　年次有給休暇の付与など
⑤　賃金支払い、最低賃金、割増賃金など
⑥　労働者名簿、賃金台帳など
⑦　解雇・雇止めなど
⑧　その他労働条件（休業手当、産前産後休業、育児時間など）
⑨　健康の確保、健康診断の実施など

表 6.7　衛生委員会の概要[7]

衛生委員会（毎月１回以上開催）	
設置義務	・常時 50 人（業種により 100 人）以上の労働者を常時使用する事業場
構成員	・事業所の責任者・指名された衛生管理者・産業医・指名された労働者（衛生に関する経験者）
調査審議すべき事項	
役割	・次の事項について事業者に意見を述べる。
⑴　労働者の健康障害を防止するべきこと	
⑵　労働者の健康の保持、増進を図るべきこと	
⑶　労働災害の原因、再発防止策で衛生に係ること	
⑷　その他、労働者の健康障害の防止、健康保持増進に関すること	

の改善を繰り返している。

近年、パワハラ、セクハラ、モラハラなどの人権や、企業不祥事の隠蔽に関する社会問題も多くなっている。職場で声を上げにくい社員が直接相談できる場を確保するため、企業に相談窓口の設置を義務付けている公益通報者保護法がある。この法律は、公益通報をした労働者を保護することにより、公益を図るための内部告発を確保し、企業不祥事による国民の被害拡大を防ぐことを目的としたものである。

6.5　製品・サービスの安全

6.5.1　技術者に求められる安全設計

安全設計の種類を表6.8に示す。設計者は異常な取扱いや誤作動を想定して、利用者に危害が加わらないような設計手法を各種の製品・サービスに用いる。そのための仕組みとして、インターロックという考え方があり、ある一定の条件が整わないと他の動作ができなくなる機構である。

6.5.2　製造物責任法とリコール

(1)　製造物責任法

製品などの不具合が原因で発生した事故は、1995年に施行された製造物責任法(PL法：Product Liability)で責任の有無を判断される。

製造物責任法が制定される以前は、民法でその責任の有無を判断していた。しかし、製造物の欠陥についての責任を問うには損害と過失、およびこれらの因果関係を、被害者が立証する必要があった。現実的に被害者がその過失を証明することは難しく、泣き寝入りする事案も多かったとされている。

条文には、「製造業者等は、その製造、加工、輸入又は前条第三項第二号若しくは第三号の氏名等の表示をした製造物であって、その引き渡したものの欠陥により他人の生命、身体又は財産を侵害したときは、これによって生じた損害を賠償する責めに任ずる」と定めている。製造業者等に「過失」があるか否かを問題とすることなく、製造物に「欠陥」があれば、製造業者等は製造物責任を負うことになり無過失責任が問われることになった。ここでいう欠陥とは「製造上の欠陥」「設計上の欠陥」「指示や警告上の欠陥」の3つである。前の2つは製品の安全性能に関する事項だが、3つ目の「指示や警告上の欠陥」は使用者に製品の残存リスクを注意喚起するよう求めている。取扱説明書の内容が詳細に記載されているのはこのためである。取扱説明書は商品の設計意図や

表6.8　安全設計の種類

名 称	フール・プルーフ	フェイル・セーフ
考え方	使用者が危険なことをしても安全な状態を保つ。	異常時に安全に止める。
実施例	**電子レンジ**：扉を閉めないと加熱できない。	**信号機**：故障時はすべての信号が赤点灯する。

表 6.9　製造物責任法判決事例[8]

【1】携帯電話低温やけど事件	
【事象】	・携帯電話をズボンポケット内に入れて使用していたが、この携帯電話が44度かそれ以上に発熱し、その状態が相当時間持続した。
【被害】	・左大腿部に低温やけど
【判決】	・仙台高裁にて約220万円を支払う判決が出た。 ・本製品をポケット内に収納して携帯するという通常の方法で使用していた。 ・通常有すべき安全性を欠いており設計上又は製造上の欠陥がある。 ・低温やけどを被災する温度が相当時間持続する現象があった。
【2】焼却炉燃焼爆発による工場全焼事件	
【事象】	・木製サッシ製造販売業者の作業員が、焼却作業中に焼却炉の灰出し口扉を開いたところ、バックファイヤー（燃焼爆発）が発生した。
【被害】	・作業員がやけど ・火災発生
【判決】	・富山地裁にて2010万円の支払う判決が出た。 ・焼却炉の設計上の欠陥は認められない。 基準に適合した焼却炉であり、このような危険の可能性があることはやむを得ない。 ・焼却後に灰を取り出す灰出し口の設置は必要 ・指示、警告上の欠陥があったと認定 ・焼却炉の取扱いに詳しくない一般人が、焼却中に灰出口扉を開ける可能性が考えられる。 ・火炎が炉外に噴出する危険性を予見することは可能であった。 ・危険性を指摘したマニュアルを交付せず、口頭でも指示警告がなされていなかった

使用方法を正しく使用者に伝え、製造者や販売者の責任として、誤った使用による事故を回避させるための重要な書類である。技術者は図やイラストなどを活用し、注意すべきことがらが誤解されることのない文面で記載する必要がある。

表6.9に「製造物責任法判決事例」を示す。製造物責任法が認定された身近な事例としては、携帯電話をズボンポケット内に入れて使用していた際、携帯電話が発熱し左大腿部に低温やけどを負ってしまった件がある。また、焼却作業中の労働者が、焼却炉の灰出し口扉を開いたところ、バックファイヤー（燃焼爆発）が発生したことで、やけどを負った件がある。

(2)　リコール（Recall）

製造者・販売者は、製品に欠陥があることが判明した場合に、自らの判断で無償修理・交換・返金・回収などの措置を行う。このことをリコールという。PL法は事故が発生した後の責任について定めているのに対して、リコールは対象となる欠陥を事前に回収、修理を行い事故の未然防止と利用者の保護を目的としている。

リコールは対象物によって該当する法律が次のように違う。

① 自動車、オートバイ：道路運送車両法

② 暖房器具、家電製品：消費生活用製品安全法

③ 医薬品成分混入、残留農薬、食品添加物：薬事法、食品衛生法など

第6章の参考文献

[1] 中央労働災害防止協会 編：『RST講座―RSTトレーナー用テキスト―』、p.255、2007年

[2] 林利成：『「知らない」ではすまされない！職長さんが現場で果たす事業者責任』、p.1、清文社、2010年

[3] 安全管理研究会 編：『改訂 建設業 店社・作業所　安全管理の実務と急所』、pp.5-7、1996年

[4] 中央労働災害防止協会 編：『安全管理者選任時研修テキスト第2版』、p.40、p.42、p.64、中央労働災害防止協会、2006年

[5] 「JIS Z 8051：2015　安全(Safety)」

[6] 厚生労働省：「労働安全衛生法令の概要」、
https://www.mhlw.go.jp/content/11201250/001208068.pdf

[7] 厚生労働省：「職場の安全サイト」、
https://anzeninfo.mhlw.go.jp/yougo/yougo02_1.html
(2020年12月10日アクセス)

[8] 消費者庁：“PL法論点別裁判例”、「製造物責任法(PL法)にもとづく訴訟情報の収集」をもとに筆者作成
https://www.caa.go.jp/policies/policy/consumer_safety/other/product_liability_act
(2020年12月10日アクセス)

第7章

Innovation（イノベーション）

7.1　Innovation（イノベーション）とは

Innovationは、『オックスフォード現代英英辞典　第10版』（オックスフォード大学出版局、2020年）で“the introduction of new things, ideas or ways of doing something”と記載されており、「新しいもの、考え方、何かを行う方法の導入」との意味になる。

本書では、英語の「Innovation」と日本語の「イノベーション」を同義語とみなし、次のように定義して取り扱う。

《Innovation（イノベーション）とは》

市場の動向や顧客の要求にもとづいた製品・サービスについて、技術をもとにした革新により社会生活に変革を与えること。

7.2　イノベーションと社会発展

7.2.1　イノベーションが社会に及ぼす影響と役割

イノベーションの概念は、オーストリア＝ハンガリー帝国に生まれたシュンペーターによって1912年に出版された著書『経済発展の理論』で提案された新結合がもとになっている[1]。新結合とは、物や力を従来とは異なる形で結合することにより、経済活動に非連続的な変革をもたらすことである。後にシュンペーターは新結合を実行することを意味する用語として、innovationを用いた。

シュンペーターはイノベーションには5つの類型があると述べている。以下に5つの類型と、これに対応する最近の事例を示す。

《イノベーションの５つの類型》

① **新しい製品の創出**：（例）インターネット、スマートフォン
② **新しい生産方式の開発**：（例）ベルトコンベア生産
③ **新しい市場の開拓**：（例）インターネット販売（アマゾン、メルカリ）
④ **原材料の新しい供給源の獲得**：（例）シェールガス、再生可能エネルギー
⑤ **新しい組織の実現**：（例）株式会社組織

会社の組織で考えると「①新しい製品の創出」は開発部門、「②新しい生産方式の開発」は生産部門、「③新しい市場の開拓」は販売部門、「④原材料の新しい供給源の獲得」は購買部門、「⑤新しい組織の実現」は人事部門に関係し、イノベーションは会社全体にかかわっている。

イノベーションは我々の生活に大きな影響を与えてきた。エジソンの白熱電灯の発明はその後の電気産業の基礎となり、電気を利用するラジオ、テレビ、冷蔵庫、洗濯機などさまざまな電化製品が生活を豊かにした。19 世紀後半に登場した電話は人々の遠隔地とのコミュニケーションを可能にし、その後開発されたインターネットとパーソナルコンピューター、スマートフォンにより多様なサービスを享受できる世界に我々は生活している。

表 7.1 に、イノベーションが社会に及ぼした影響を産業革命の視点から示す。第１次産業革命は自動織機の革新と蒸気機関による工場の生産能力向上と、蒸気船や汽車による輸送能力の向上が社会に大きな影響を与えた。第２次産業革命では電気の普及により白熱電灯をはじめとする生活の電化、内燃機関の発達による自動車や飛行機による輸送能力のさらなる向上が 20 世紀の生活を形作

表 7.1　イノベーションが社会に及ぼした影響

産業革命	第１次	第２次	第３次
時期	19 世紀	20 世紀前半	20 世紀後半
主な革新技術	蒸気機関技術 機械加工技術	電気技術 化学技術 内燃機関技術	集積回路技術 通信技術
イノベーション	自動織機 蒸気船 汽車	白熱電灯 電気製品 自動車、飛行機	ロボット コンピューター インターネット

った。第3次産業革命ではコンピューターやインターネットの普及による情報革命とグローバル化、ロボットによる生産の効率化が実現され、現在の社会の基本となっている。また、現在は第4次産業革命の開始時点といわれている。

7.2.2　技術のS字カーブとイノベーションの必要性

イノベーションは旧来の製品を市場から駆逐し、産業構造や経済秩序を破壊する。ただ、市場に投入された当初は、新たな製品は旧来の製品に機能面で勝ることは少ない。提案された後に、技術的な改善が持続的に実施される必要がある。これを持続的イノベーションと呼ぶ。

新たなコンセプトで導入された製品は、製品性能を縦軸に、時間を横軸にとると、図7.1に示すようなS字カーブを描くことが知られている[3]。S字の左端に流動期があり改善は緩やかであり、中間の移行期になると改善が進み、右端の固定期になると改善が緩やかになるためS字を描く。

持続的イノベーションには製品イノベーションと、工程イノベーションがある。製品イノベーションは、製品の構造や機構に関するイノベーションである。工程イノベーションは、製品を生産するための工程や製造法に関するイノベーションである[4]。

図7.1に示す流動期には、製品イノベーションが活発に行われる。例えば自動車が提案された初期はハンドルの形状や、駆動方法、タイヤの数まで多くの製品イノベーションが提案された。この時期は開発の方向性が定まっておらず、技術的な成果が少なく、量産効果も小さいので、時間に対する性能向上は緩やかである。

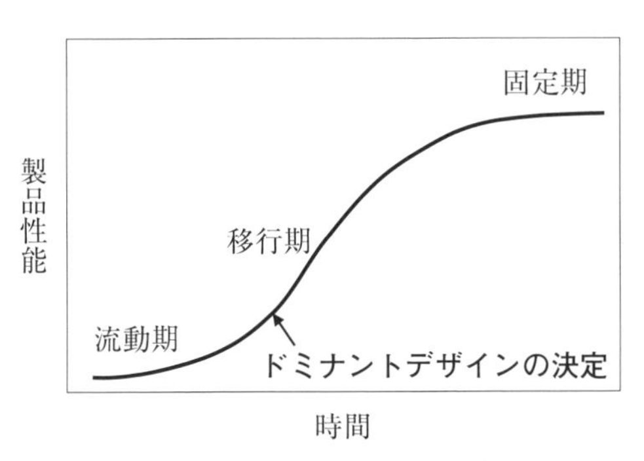

図7.1　技術のS字カーブ

市場との対話の結果、支配的なデザインであるドミナントデザインが確定すると移行期を迎える。開発の方向性が定まり、技術的な成果も多く得られ、工程イノベーションが活発になり量産効果も大きくなる。この結果、性能が向上し、多くの顧客が購入する好循環が生まれる。

固定期を迎えると、技術的な成果が少なくなり、製品性能の上昇が緩やかになる。

7.2.3 照明産業の事例

照明産業を技術のS字カーブの視点から考えてみる。照明産業の事例を図7.2に示す。既存製品としてガス灯を、革新製品として白熱電灯のS字カーブをそれぞれ示している。1792年に発明された石炭ガスを用いるガス灯は、都市部を中心に広がり19世紀の中頃には広く普及していた。ガス灯は、それまでの灯油などのランプに比べて明るく経済性に優れていた。また、家庭にガスを供給できる仕組みが構築され大きな産業になっていた。しかし、ガスには中毒や火災など安全性に問題があった。ガス灯は、技術的に成熟し固定期を迎えていた。

エジソンは電気をフィラメントに通電し熱することにより発光する白熱電灯の開発に取り組み、試行錯誤の末に、数十時間の点灯を達成し製品化に成功した。当時、一般家庭には電気を利用する環境がなかったため、発電、送電、分電、課金する仕組みもまとめてシステムで提供した。これが後に家電製品の隆盛につながる。

白熱電灯が市場に導入された時点は、図7.2のS字カーブの左端で流動期にあたる。この時点では白熱電灯は寿命が数十時間と短く、価格も高くガス灯に

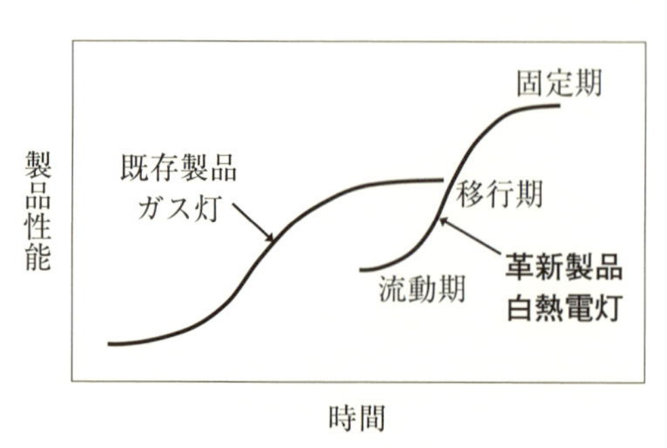

図7.2 照明産業におけるS字カーブの事例

比べると製品性能で劣っていた。このため、煙を出さない特性を活かして船用のシステムとして導入された。その後、長寿命化や低コスト化の製品イノベーションを行い現在の白熱電灯につながるドミナントデザインが決定すると移行期を迎える。移行期には、製造方法に関する多くの工程イノベーションが実施され、製品性能でガス灯を追い越し照明産業から駆逐した。

7.3　日本・世界の発展と技術者の将来

7.3.1　第 4 次産業革命

第 4 次産業革命は、人類発展の新しい段階である。ダボス会議（スイスのダボス・クロスタースで毎年開催される世界経済フォーラム（WEF）の年次総会）の創設者であるシュワブによると、第 4 次産業革命の原動力となるのは表 7.2 に示す革新技術とその組合せと考えられている[5]。これらは人類に多くの恩恵をもたらすと考えられているが、それにより生じるリスクも大きい。例えば AI は多くの利便性をもたらすが、多くの職業がなくなる可能性も指摘されている。また、IoT がサイバー攻撃を受けると工場や交通機関が停止する可能性も指摘されている。そのため、人間中心の開発を行うことが求められている。

表 7.2　第 4 次産業革命の革新技術

分野	革新技術	事例
デジタル技術を拡大する。	新しいコンピューティング技術	生成 AI 量子コンピューター
	ブロックチェーンと分散型台帳技術	仮想通貨
	IoT	考える工場
現実の世界を改革する。	AI とロボット工学	ロボット医療
	先進材料	新型二次電池
	付加製造と 3D プリント	個別対応生産
人間を改造する。	バイオテクノロジー	遺伝子デザイン
	ニューロテクノロジー	脳波による操縦
	仮想現実と拡張現実	教育革新
環境を統合する。	エネルギーを得る、貯蔵する、送る。	分散型エネルギーシステム
	ジオエンジニアリング	二酸化炭素回収
	宇宙開発技術	宇宙観光旅行

第4次産業革命はドイツではIndustrie4.0としてIoTを用いた考える工場を主として捉えており、日本ではSociety5.0（7.3.2項参照）として提案されている。

7.3.2　日本での取組み　Society5.0

第4次産業革命に向けて、日本はSociety5.0を提唱し産官学が協力しながら推進している。人類の社会は狩猟社会→農耕社会→工業社会→情報社会と進化してきたが、その次として超スマート社会を実現する構想である。図7.3にSociety5.0の概念図を示す。

フィジカル空間に設置されたセンサー情報をIoTの仕組みを用いて収集し、サイバー空間のクラウド上にビックデータとして蓄え、これをAIにより分析することで新たな価値を産み出すイノベーションを実現することを目指している。システムの高度化、複数のシステム間の連携協調を実現するため産学官連携の下、共通的なプラットフォーム（超スマート社会サービスプラットフォーム）の構築に必要となる取組を推進している。

Society5.0では高齢化など日本の抱える社会的課題の解決と、経済発展を両立することを目指している。防災、農業、食品、ものづくり、医療・介護、交通・輸送などでの活用が期待されている。

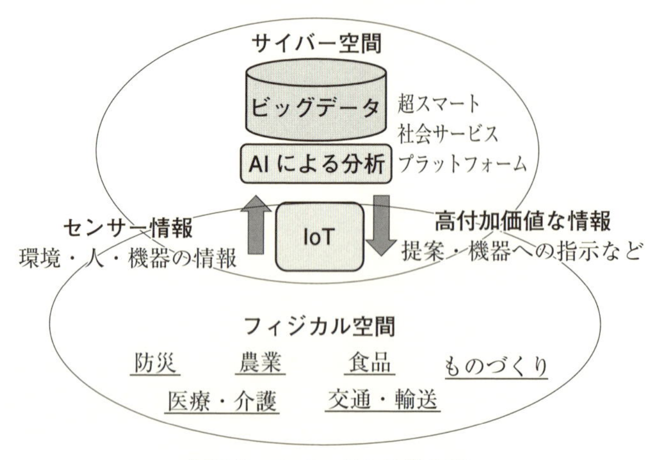

図7.3　Society5.0の概念図

7.3.3　オープンイノベーション

技術が多様化、高度化する中で、研究開発を自社のみで行うことは費用面で限界に達している。加えてグローバル化の中で多くの競争相手に打ち勝つ必要があり、開発のスピードも求められている。図 7.4 にオープンイノベーションの概念を示す。複数の会社が互いにコア技術や販売網を持ち寄り、新製品の開発と販売を行う。オープンイノベーションを成功させるためには経営層の強いリーダーシップと開発する製品の明確な価値が必要である。ユニクロのヒートテックの成功はユニクロの縫製技術と販売網、東レの発熱する繊維技術の融合がキーとなり世界中で販売されている。社内だけですべての開発を行う垂直統合型の開発を行っていた時代は､技術をなるべく外に見せないようにしていた。これからは自らの強い技術を世界にアピールし、良いパートナーを見つけることが今後の課題となっている。

7.3.4　イノベータ DNA モデル

顧客が何に不安・不便・不満を感じているかを感じ取って、その解決手段を提案・提供することがイノベーションの起点になる。実在する製品の改善に関しては顧客アンケートが有効であるが、実在しない製品のコンセプトは顧客アンケートからは生まれない。技術者がその潜在的ニーズを満たすような新しい提案を行うことがポイントである。

クレイトン・クリステンセンは、世界のイノベータの調査を行い著書『イノベーションの DNA』にイノベーションを起こせる人材になるためのポイント

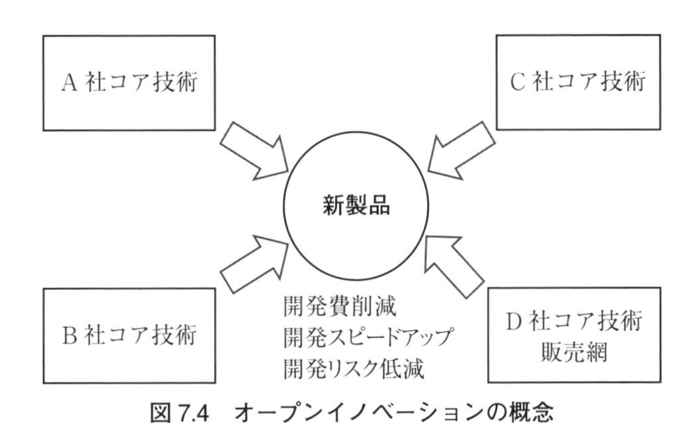

図 7.4　オープンイノベーションの概念

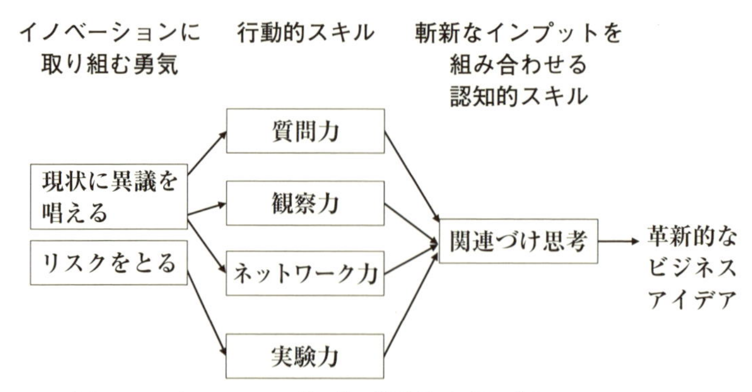

（出典）　クレイトン・クリステンセン他 著、櫻井祐子 訳：『イノベーションのDNA』、p.31、図1-1、翔泳社、2012年

図7.5　イノベーティブなアイデアを生み出すための「イノベータDNAモデル」

をまとめている[6]。クリステンセンは革新的なアイデアを生み出す能力は知性だけでなく、行動により決まり、誰でも行動を変えることで能力の向上が可能であると述べている。図7.5に「イノベータDNAモデル」を示す。

図7.5に示したようにイノベータDNAは、「イノベーションに取り組む勇気」「行動的スキル」「認知的スキル」から構成されている。

(1)　イノベーションに取り組む勇気

イノベータにはイノベーションに取り組む勇気がある。イノベータに共通する姿勢として以下の2つがある。

①　現状に異議を唱える。常に現状に疑問を持つ。

②　リスクを取る。自ら殻を破り、前に踏み出す。

(2)　行動的スキル

イノベータは一般のビジネスマンに比べ、以下の行動に時間を費やしている。このような行動を通じてイノベーティブなアイデアのもとになる情報の在庫を増やしている。

①　質問力：現状に意義を唱えるような質問を行う。

②　観察力：顧客、製品、サービス、技術、企業などを常に観察する。

③　ネットワーク力：多様な背景や考え方を持つ人と交流する。

④　実験力：新しい経験に挑み、新しいアイデアを試す。

(3)　認知的スキル

イノベータの認知的スキルとして関連づけ思考がある。これを用い、4つの行動スキルにより得られた多方面の情報を、認知的スキルである関連づけ思考により、組み合わせ、革新的なビジネスアイデアを考える。これがイノベーションの種となる。

イノベータになるには日々の活動の中で、イノベーションに取り組む勇気と行動的スキル、認知的スキルを高めることが重要である。

7.3.5　イノベーションへの取組み

日本は多くのイノベーションを生み出してきた。トランジスターラジオや液晶、ハイブリッドカーなどのイノベーションは、大きな産業を生み出した。この結果、日本経済が成長し名目 GDP では 1968 年から 2010 年までの約 40 年間、世界第 2 位を維持した。表 7.3 に発明協会が 2016 年に発表した「戦後日本のイノベーション 100 選」アンケート投票トップ 10 を示す。

序章で地球の持続可能性を脅かす問題として、①人口問題、②食糧問題、③水問題、④エネルギー問題、⑤地球温暖化問題、⑥廃プラスチック問題の 6 つ

表 7.3　「戦後日本のイノベーション 100 選」アンケート投票トップ 10

時期	選定イノベーション
1950 年	内視鏡
1958 年	インスタントラーメン
1963 年	マンガ・アニメ
1964 年	新幹線
1970 年頃	トヨタ生産方式
1979 年	ウォークマン®
1980 年	ウォシュレット®
1983 年	家庭用ゲーム機・同ソフト
1993 年	発光ダイオード
1997 年	ハイブリッド車

（出典）　公益社団法人発明協会：「戦後日本のイノベーション 100 選　アンケート投票トップ 10」、2016 年をもとに筆者作成
https://koueki.jiii.or.jp/innovation100/innovation_list.php?age = topten

を取り上げた。これらの問題を解決し、持続可能な社会を実現するには、イノベーションが必要とされる。第２章に示したように、開発・設計部門や生産部門などイノベーション創出の最前線で働いているのが技術者である。技術者はイノベーションに取り組む勇気を持ち、自ら考えて行動する必要がある。

第７章の参考文献

[1]　シュムペーター 著、塩野谷祐一 他 訳：『経済発展の理論（上）』、pp.182-183、岩波書店、1977年
[2]　一橋大学イノベーション研究センター 編：『イノベーション・マネジメント入門〈第２版〉』、日本経済新聞出版社、2017年
[3]　リチャード・フォスター 著、大前研一 訳：『イノベーション―限界突破の経営戦略』、阪急コミュニケーションズ、1987年
[4]　J・M・アッターバック 著、大津正和 他 訳：『イノベーション・ダイナミクス』、pp.107-109、有斐閣、1998年
[5]　クラウス・シュワブ 著、小川敏子 訳：『「第四次産業革命」を生き抜く』、pp.116-120、日本経済新聞出版社、2019年
[6]　クレイトン・クリステンセン、ジェフリー・ダイアー、ハル・グレガーセン 著、櫻井祐子 訳：『イノベーションのDNA』、pp.19-32、翔泳社、2012年
[7]　伊丹敬之：『イノベーションを興す』、日本経済新聞出版社、2009年
[8]　司馬正次：『ブレークスルー・マネジメント』、東洋経済新報社、2003年

索　引

索　引

【か行】

【さ行】

編著者紹介

藤井　寛（ふじい　ひろし）
執筆担当：序章、第1章、第3章
金沢工業大学　教授、基礎教育部　修学基礎教育課程
専門分野：経営工学、TQM

著者紹介

長尾　政志（ながお　まさし）
執筆担当：第2章、第7章
金沢工業大学　教授、基礎教育部　修学基礎教育課程
専門分野：経営工学、低温工学

山下　恭正（やました　やすまさ）
執筆担当：第4章、第6章
金沢工業大学　准教授、基礎教育部　修学基礎教育課程
専門分野：安全管理

中野　真（なかの　まこと）
執筆担当：第5章
金沢工業大学　准教授、基礎教育部　修学基礎教育課程
専門分野：在庫管理、生産管理

技術者の視点
エンジニアが知っておくべき7つのテーマ

2025年3月3日　第1刷発行

編著者　藤井　　寛
著　者　長尾　政志・山下　恭正
　　　　中野　　真
発行人　戸羽　節文

検印
省略

発行所　株式会社　日科技連出版社
〒151-0051　東京都渋谷区千駄ケ谷1-7-4
渡貫ビル
電話　03-6457-7875

Printed in Japan

印刷・製本　壮光舎印刷

ISBN 978-4-8171-9811-2
URL https://www.juse-p.co.jp/